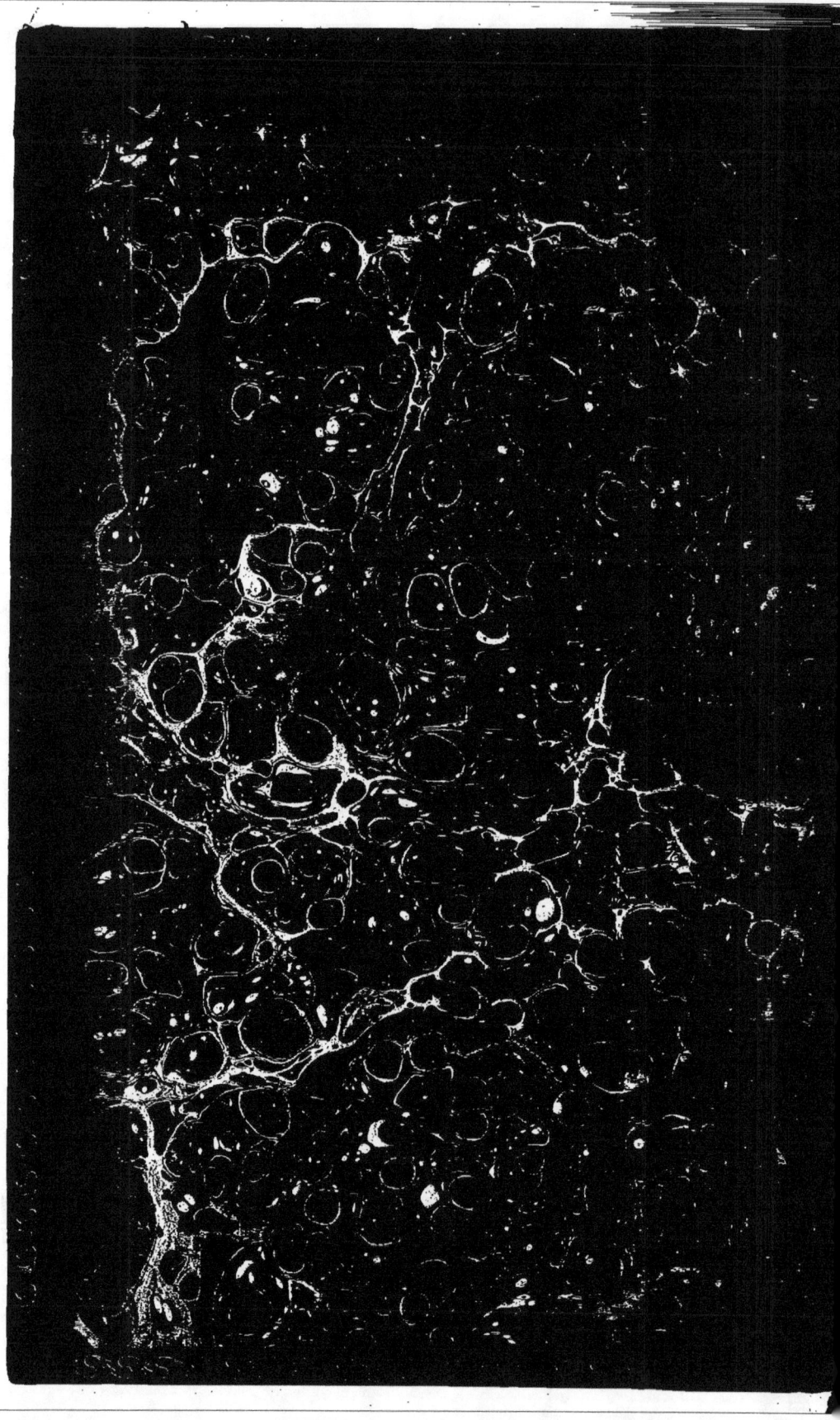

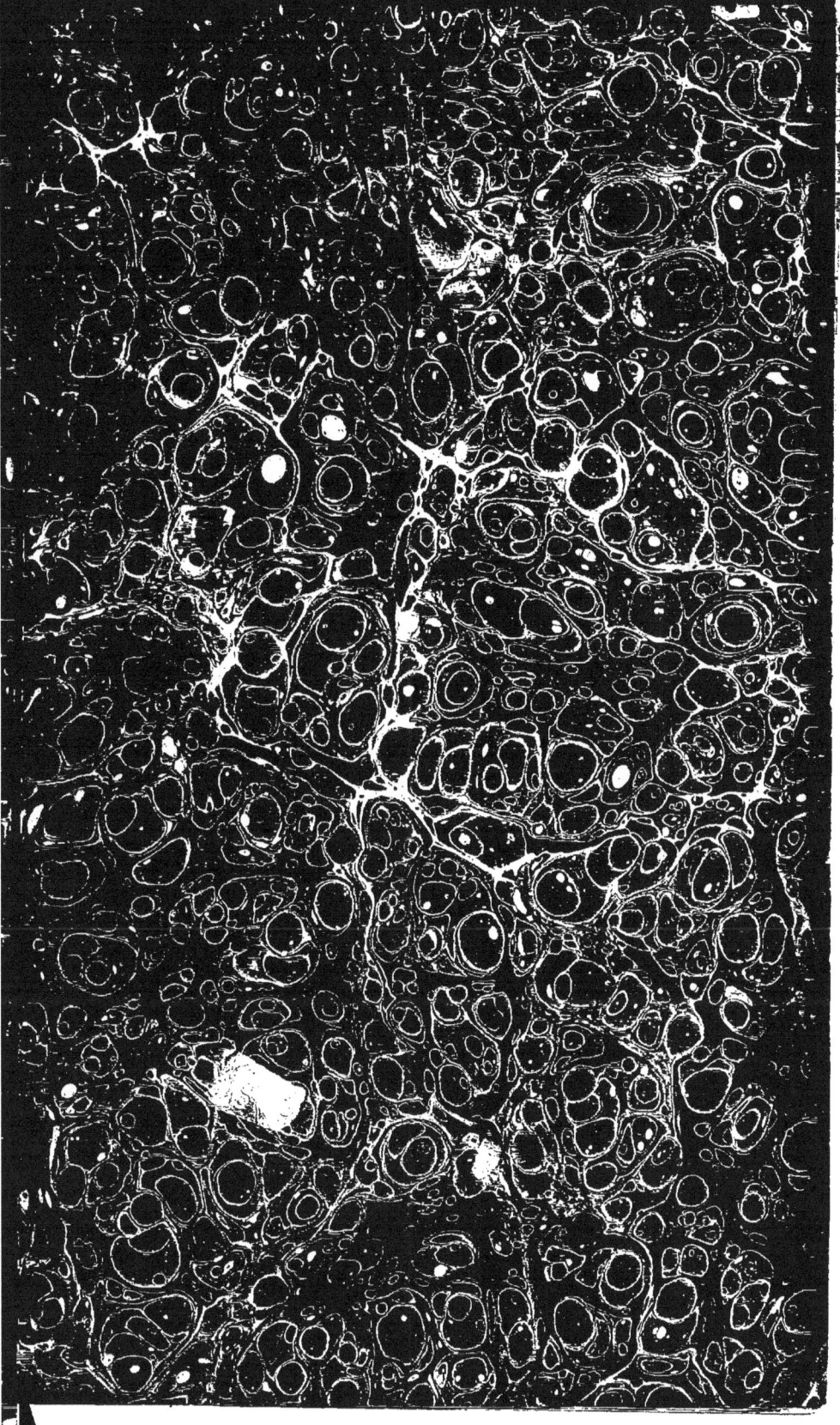

S

2665

RECHERCHES

ANATOMIQUES ET PHYSIOLOGIQUES

SUR

LA STRUCTURE INTIME

DES ANIMAUX ET DES VÉGÉTAUX,

ET SUR LEUR MOTILITÉ.

CATALOGUE DES OUVRAGES DE M. DUTROCHET,
avec l'indication des divers recueils dans lesquels ils ont été imprimés.

Essai sur une nouvelle théorie de la voix. Dissertation inaugurale. 1806.

Nouvelle théorie de l'habitude et des sympathies. 1809.

Mémoire sur une nouvelle théorie de l'harmonie. 1810.

Recherches sur les rotifères, dans les *Annales du Muséum d'histoire naturelle*, tomes 19 et 20.

Recherches sur les enveloppes du fœtus, dans les *Mémoires de la Société médicale d'émulation de Paris*, 8e année, pages 1 et 760.

Recherches sur la métamorphose du canal alimentaire chez les insectes, dans le *Journal de physique*, février et mars 1818.

Note sur la hauteur du météore qui a projeté des aérolithes à Charsonville en 1810, dans le *Journal de physique*, mars 1820.

Note sur un annélide d'un genre nouveau, dans le *Bulletin des sciences de la Société philomatique*, année 1817, page 130.

Histoire de l'œuf des oiseaux avant la ponte, dans le *Journal de physique*, février 1816.

Observations sur la structure et la régénération des plumes, avec des considérations générales sur la composition de la peau des animaux vertébrés, dans le *Journal de physique*, mai 1819.

Mémoire sur les enveloppes du fœtus humain, par MM. Dutrochet et Breschet, dans le *Journal complémentaire du Dictionnaire des sciences médicales*, janvier 1820.

Recherches sur l'accroissement et la reproduction des végétaux (extrait des *Mémoires du Muséum d'histoire naturelle*, tomes 7 et 8), 1 vol. in-4°, fig., 5 fr.

Observations sur l'ostéogénie, dans le *Journal de physique*, septembre 1822.

IMPRIMERIE DE LACHEVARDIERE FILS,
SUCCESSEUR DE CELLOT,
Rue du Colombier, n. 30.

RECHERCHES

ANATOMIQUES ET PHYSIOLOGIQUES

SUR

LA STRUCTURE INTIME

DES ANIMAUX ET DES VÉGÉTAUX,

ET SUR LEUR MOTILITÉ,

PAR

M. H. DUTROCHET,

DOCTEUR EN MÉDECINE, CORRESPONDANT DE L'INSTITUT DE FRANCE DANS L'ACADÉMIE ROYALE DES SCIENCES, MEMBRE ASSOCIÉ DE L'ACADÉMIE ROYALE DE MÉDECINE, DES SOCIÉTÉS PHILOMATIQUE, LINNÉENNE ET MÉDICALE D'ÉMULATION DE PARIS, DES ACADÉMIES DE ROUEN, DE LYON, DE TOULOUSE, etc.,

AVEC DEUX PLANCHES.

A PARIS,
CHEZ J. B. BAILLIÈRE, LIBRAIRE,
RUE DE L'ÉCOLE DE MÉDECINE, N° 14.

·1824.

RECHERCHES

ANATOMIQUES ET PHYSIOLOGIQUES

SUR LA STRUCTURE INTIME

DES ANIMAUX ET DES VÉGÉTAUX,

ET SUR LEUR MOTILITÉ.

INTRODUCTION.

Tous les êtres vivants sont susceptibles de subir certaines modifications vitales, par l'influence de certains agents qui leur sont extérieurs. Les physiologistes ont donné le nom de *sensibilité* à la faculté, à la propriété vitale, en vertu de laquelle a lieu cette influence des causes extérieures sur l'être vivant. Ce que nous appelons sentir ne se peut guère définir; chacun sait ce que c'est par sa propre expérience. Ce sont nos sensations qui nous donnent la conscience de l'existence, qui font que nous avons un *moi*. Toutes les fois que nous observerons, dans un être vivant, des preuves bien certaines qu'il possède la conscience de l'existence, nous pourrons affirmer, par cela même, qu'il possède la sensibilité ; nous serons autorisés à lui refuser cette faculté lorsqu'au contraire il nous sera bien démontré qu'il ne possède point la conscience de son existence individuelle. Les végétaux sont dans ce dernier cas: personne, je pense, ne sera tenté de leur accorder un *moi*, et par conséquent des sensations; cependant ils manifestent souvent, par les mouvements qu'ils exécutent à l'occasion de l'influence de certaines causes extérieures, qu'il se passe chez eux un phénomène analogue à celui que l'on appelle *sensation* chez les animaux. Les physiologistes de l'école de Bichat considèrent ce phénomène comme appartenant à la sensibilité que cet auteur nomme *organique* ; sensibilité d'une nature particulière, qui n'est point une source de sensations, et qui existe de même dans les organes intérieurs des animaux. Chacun connaît la distinction que Bichat a établie de deux vies, l'une *animale*, l'autre *organique*, chez les animaux. Selon ce physiologiste, ces deux vies possèdent chacune une sensibilité particulière: la sensibilité animale est la seule qui soit une source de sensations; la sensibilité organique n'en procure aucune. Or, si l'on prétend que, dans l'exercice de la sensibilité organique, la sensation est bornée à la partie sur laquelle agit la cause qui la met en jeu, on est conduit par cela même à admettre dans cette partie des sensations individuelles et un *moi* particulier. Le corps d'un animal devient de cette manière un assemblage d'êtres qui ont tous leurs sensations, leurs appétences, leurs aversions particulières. Cette théorie entraîne nécessairement l'idée d'un *moi* particulier, d'une volonté particulière dans chaque organe. Cette hypothèse est évidemment inadmissible. On ne peut véritablement point dire que les organes qui ne procurent jamais de sensations aient de la sensibilité; cependant les organes intérieurs des animaux exécutent des mouvements sous l'influence de certaines causes qui leur sont extérieures; ils ont donc une propriété vitale analogue à la *sensibilité*. Ces conséquences contradictoires prouvent que c'est à tort que l'on se sert en physiologie du mot *sensibilité*. Que l'on supprime ce mot, lequel ne réveille que des idées purement morales, et qu'on le remplace par une expression qui représente la nature matérielle du phénomène en question, et toutes les difficultés disparaîtront à cet égard. Nous pouvons trouver cette expression nouvelle dans l'étude de la manière dont nos sensations sont produites. Les agents extérieurs, lorsqu'ils nous font éprouver des sensations, produisent une modification d'une nature quelconque dans les sens sur lesquels ils agissent; il y a par conséquent production d'un mouvement particulier; l'organe est *remué*. Nous ignorons quelle est la nature de ce mouvement, mais son existence n'en est pas moins incontestable. Ce mouvement est transmis, par le canal des nerfs, au cerveau, siége unique du *moi*, et par conséquent des sensations. Je donne à ce phénomène de mouvement, produit dans les sens par les agents du dehors et transmis par les nerfs, le nom de *nervimotion*, et à la propriété vitale en vertu de laquelle il a lieu, le nom de *nervimotilité*[1]; je donne aux agents extérieurs qui sont susceptibles de produire la nervimotion, le nom *d'agents nervimoteurs*. La nervimotion est un phénomène purement physique ; il précède constamment le phénomène moral de la sensation, mais il n'en est pas toujours suivi : ainsi nos organes intérieurs possèdent la *nervimotilité*, ils éprouvent la *nervimotion;* mais il n'en résulte point de *sensation*, comme cela a lieu pour nos organes extérieurs ; ceci tient à des secrets particuliers de la vie. Cette distinction étant une fois bien établie entre les phénomènes moraux et les phénomènes physiques, la science de la vie devient plus simple et plus facile ; elle peut même devenir une science exacte. Il était impossible d'appliquer des mesures à la *sensibilité* et à la *sensation*, tandis que la *nervimotilité* et la *nervimotion* sont susceptibles de mesures, comme tous les phénomènes physiques. Je le répète, ce n'est qu'en bannissant de la physiologie toutes les expressions qui n'éveillent que des idées morales, qu'on se mettra sur la voie de lui faire faire de nouveaux progrès. La nature de la sensibilité, comme celle de la sensation, est totalement inaccessible à notre investigation. Notre faculté de sentir est

---

[1] M. Flourens, dans ses *Recherches sur les fonctions du système nerveux*, nomme *irritabilité* la propriété vitale que je désigne ici sous le nom de *nervimotilité*. Je regrette de ne pouvoir adopter avec lui cette expression, qui, détournée ainsi du sens qui lui a été donné par tous les physiologistes, ne pourrait que produire la plus grande confusion dans les idées.

celle à l'aide de laquelle nous connaissons, il nous est par conséquent impossible de la connaître elle-même. Il est donc contraire à la saine raison, à la bonne philosophie, de placer dans une science d'observation, telle que la physiologie, celui de tous les phénomènes de la nature qui est le plus nécessairement soustrait à nos recherches; l'étude de la sensibilité et de la sensation appartient exclusivement à la psychologie.

La vie, considérée dans l'ordre physique, n'est autre chose qu'un mouvement: la mort est la cessation de ce mouvement. Les êtres vivants nous offrent diverses facultés de mouvement; à leur tête est la *nervimotilité*, faculté d'éprouver certaines modifications, certains changements dans leur être, par l'influence de certains agents du dehors, ou des agents *nervimoteurs*. Ce premier mouvement, qui est invisible, est la source des mouvements visibles qu'exécutent les parties vivantes. La faculté d'exécuter ces mouvements qui déplacent les parties peut recevoir le nom de *locomotilité* : elle offre deux mouvements opposés, la *contraction* et la *turgescence*. Toutes ces facultés de mouvements se rattachent à une seule faculté générale, que je désigne sous le nom de *motilité* vitale [1] : c'est la vie elle-même.

La motilité vitale nous offre, chez tous les êtres

---

[1] On sait que le mot *motilité* a été introduit dans le langage physiologique par M. Chaussier, mais avec une signification moins étendue que celle que je lui donne ici.

vivants, les mêmes phénomènes principaux. Partout il y a *nervimotilité*, et par conséquent *nervimotion* sous l'influence des agents *nervimoteurs*; partout aussi il y a *locomotilité* ou faculté de changer la position des parties. Les végétaux offrent, comme les animaux, ces deux facultés de mouvement; mais elles sont, chez eux, bien moins énergiques, bien moins développées. Il est fort peu de végétaux dont les parties soient susceptibles d'exécuter ces mouvements brusques, rapides qui, tels que ceux que l'on observe chez la sensitive, frappent d'étonnement par leur ressemblance avec les mouvements des animaux; mais tous les végétaux ont la faculté de donner une direction spéciale à leurs diverses parties, et cette faculté se rattache aux lois générales de la motilité vitale, ainsi que cela sera démontré dans le cours de cet ouvrage. L'étude des lois qui président à la motilité vitale est, chez les animaux, d'une difficulté peut-être insurmontable, à raison de l'extrême complication des causes, tant intérieures qu'extérieures, qui peuvent influer sur l'état de cette motilité. L'étude, à cet égard, se simplifie beaucoup chez les végétaux, et c'est probablement à eux seuls que l'on devra la solution des principaux problèmes de la science de la vie. Les secrets de cette science sont disséminés dans tout le règne organique; aucun être en particulier et même aucune classe d'êtres ne fournit les moyens faciles d'apercevoir tous ces secrets. Le physiologiste doit donc interroger tous les êtres vivants sans exception : chacun d'eux lui dira son mot;

chacun d'eux soulèvera à ses yeux une portion particulière du voile dont la nature couvre ses mystères ; et c'est de l'universalité de ces recherches que sortira la connaissance complète des phénomènes de la vie.

SECTION Ire.

OBSERVATIONS SUR L'ANATOMIE DES VÉGÉTAUX, ET SPÉCIALEMENT SUR L'ANATOMIE DE LA SENSITIVE (*mimosa pudica*. L.).

L'anatomie végétale, étudiée avec le plus grand soin par les observateurs les plus exercés, est certainement arrivée au dernier degré de perfection auquel il soit possible de la conduire par les moyens mis en usage pour cette étude. Que pourrait-on, en effet, attendre de nouveau de l'observation microscopique des organes des végétaux, après les recherches de Leuwenhoeck, de Grew, de Malpighi, d'Hedwig ; après les travaux récents de messieurs Mirbel, Link, Tréviranus, Sprengel, etc.? On doit penser qu'après de pareils observateurs il y a bien peu de chose à faire; à moins que l'on ne trouve de nouveaux moyens d'investigation. Bien persuadé de cette vérité, j'ai cherché, par des essais nombreux, à rendre plus facile qu'elle ne l'a été jusqu'à ce jour l'étude de l'anatomie végétale, et j'y suis parvenu au moyen d'un procédé bien simple. Le plus grand obstacle que la nature ait mis à l'étude des organes intérieurs des végétaux n'est pas leur extrême petitesse; c'est la difficulté d'isoler ces petits organes les uns des autres pour les étudier séparément. Leur forte adhérence mutuelle rend cet isolement presque impossible; de plus, ces organes sont opaques pour la plupart, ce qui augmente la difficulté de leur observation, qu'on ne peut faire qu'avec le secours du microscope. J'ai essayé divers moyens pour remédier à ce double inconvénient, et j'en ai trouvé un qui a parfaitement rempli le but que je me proposais. Je place un fragment du végétal que je veux étudier dans une petite fiole remplie d'acide nitrique, et je plonge cette fiole dans l'eau bouillante. Par cette opération, les parties qui composent le tissu végétal perdent leur agrégation et deviennent transparentes, ce qui facilite singulièrement leur étude. En même temps les trachées et les autres vaisseaux se remplissent d'un fluide aériforme, ce qui leur donne au microscope un aspect tout particulier, et fournit un nouveau moyen pour les observer. On sent qu'il ne faut pas que cette opération soit poussée trop loin, car le tissu végétal serait tout-à-fait désorganisé : c'est à l'observateur à limiter le temps que le végétal doit rester dans l'acide nitrique, et cela selon la délicatesse plus ou moins grande de son tissu. Moins l'ébullition est prolongée, mieux cela vaut : en général, il ne faut pas attendre que le tissu végétal soit devenu tout-à-fait transparent, et qu'il se divise spontanément. Avant cette époque de dissolution, il est déjà devenu facile à déchirer dans l'eau avec des pinces, et ses éléments organiques dissociés sont devenus très faciles à étudier. Pour faire cette observation, je place dans l'eau, contenue dans un cristal de montre, des fragments aussi petits qu'il est possible de se les procurer par la division mécanique, et je les soumets au microscope.

C'est le désir de connaître l'anatomie particulière de la sensitive (*mimosa pudica L.*) qui m'a engagé dans ces recherches, que j'ai étendues ensuite à beaucoup d'autres végétaux. Ce sera donc l'anatomie de cette plante qui me servira de texte. J'y rattacherai des considérations sur l'organisation des autres végétaux, lorsque cela me paraîtra nécessaire pour éclaircir des points obscurs, et résoudre certaines questions.

Je commencerai l'étude anatomique de la sensitive par l'examen de la moelle. Elle est, comme celle de tous les végétaux, entièrement composée de tissu cellulaire. Les cellules qui la composent offrent une forme hexagonale assez régulière dans quelques endroits, et, dans d'autres, leur forme est tout-à-fait irrégulière; en général, elles sont disposées en séries longitudinales. Grew a comparé le tissu cellulaire à l'écume d'une liqueur en fermentation, et M. Mirbel adopte cette comparaison, qui s'accorde parfaitement avec la manière dont il considère le tissu cellulaire. En effet, il admet que les cellules ont une paroi commune là où elles se touchent, en sorte qu'elles seraient pratiquées dans un tissu membraneux continu; mais l'observation infirme cette assertion. En effet, lorsqu'on soumet à l'ébullition dans l'acide nitrique la moelle de la sensitive ou celle de tout autre végétal, on voit toutes les cellules se séparer les unes des autres, et se présenter comme autant de vésicules complètes qui conservent leur forme, laquelle leur avait été donnée par la compression que les cellules voisines exerçaient sur elles : ainsi, partout où deux cellules se touchent, la paroi qui les sépare offre une double membrane. On voit d'après cela que la comparaison du tissu cellulaire à l'écume manque tout-à-fait de justesse.

Dans la moelle de la sensitive, chaque cellule porte plusieurs corpuscules arrondis, opaques dans leurs bords, et transparents dans leur milieu. (Fig. 1.) Ces petits corps à demi opaques, et percés, en apparence, dans leur milieu, ont été observés dans le tissu cellulaire de beaucoup de végétaux par M. Mirbel : il les considère comme des pores environnés d'un bourrelet opaque et saillant. L'observation de la moelle de la sensitive ne me permettait guère d'admettre cette assertion ; en effet, le tissu cellulaire dont elle est composée est incolore et d'une transparence parfaite, tandis que le trou prétendu qui est au centre des petits corps dont il est ici question transmet à l'œil une lumière verdâtre. Il me parut que ces petits corps n'étaient autre chose que des petites cellules globuleuses, remplies d'une matière verdâtre transparente, lesquelles, en leur qualité de corps sphériques transparents, rassemblaient les rayons lumineux dans un foyer central, et devaient, par conséquent, paraître opaques dans leur pourtour. Chacun sait que tel est l'effet de la réfraction des rayons lumineux par les corps transparents sphériques ou lenticulaires. Ce soupçon s'est changé en certitude par l'observation de l'effet que produit l'acide nitrique sur ces corpuscules transparents : en effet, lorsqu'on fait chauffer la moelle de la sensitive dans cet acide, les cellules acquièrent une grande transparence, et les corpuscules dont il est ici question deviennent complètement opaques ; leur centre ne transmet plus aucun rayon de lumière. Cette observation prouve d'une manière incontestable que les petits corps qui sont situés sur les parois des cellules ne sont pas des pores environnés d'un bourrelet opaque, comme le pense M. Mirbel, mais que ce sont véritablement des petites cellules globuleuses, remplies d'un fluide qui est concrété et rendu opaque par l'acide nitrique. On sait que les fluides qui ont été concrétés par les acides sont ordinairement dissous et fluidifiés de nouveau par les alkalis. Il était important de savoir si ce phénomène chimique se manifesterait par rapport aux corpuscules concrétés de la moelle de la sensitive. J'ai donc placé sur une lame de verre quelques fragments de cette moelle dont les corpuscules étaient devenus opaques par l'action de l'acide nitrique ; je les ai couverts d'une grosse goutte de solution aqueuse de potasse caustique [1], et j'ai présenté la lame de verre avec précaution à la flamme d'une lampe à esprit de vin, afin que la chaleur favorisât la dissolution. Au bout de quelques minutes, ayant examiné

---

[1] C'est de la potasse caustique à la chaux, ou hydrate de potasse, que j'ai fait usage.

ce tissu cellulaire au microscope, j'ai trouvé tous les corpuscules transparents dans leur milieu, avec une teinte verdâtre, comme cela avait lieu dans l'état naturel : ainsi il est évident que l'alkali avait dissous et rendu transparent le fluide que l'acide avait concrété et rendu opaque. Cette double expérience, qui sera répétée souvent dans la suite de cet ouvrage, ne permet donc plus de douter que les corpuscules arrondis dont il est ici question ne soient, comme je l'ai dit plus haut, de petites cellules globuleuses remplies d'un fluide concrescible par les acides et soluble dans les alkalis. Il n'y a point de végétal dont le tissu cellulaire ne soit muni avec plus ou moins d'abondance de ces petites cellules globuleuses, qui sont situées dans l'épaisseur des parois des grandes cellules; nous verrons plus bas qu'on les trouve aussi à la surface de certains tubes végétaux. Quelle est la nature, quels sont les usages de ces corpuscules globuleux vésiculaires ? c'est ce qu'il est impossible de déterminer par l'étude des seuls végétaux. Ce n'est que l'étude comparée de la structure intime des animaux qui peut ici nous fournir des lumières. Les recherches microscopiques de plusieurs observateurs, recherches qui seront exposées plus bas, ont appris que tous les organes des animaux sont composés de corpuscules globuleux agglomérés. Il est évident que ces corpuscules sont les analogues de ceux que nous venons d'observer dans le tissu organique des végétaux, chez lesquels ils sont infiniment moins nombreux qu'ils ne le sont chez les animaux.

Cette observation nous montre une certaine analogie de structure organique entre les végétaux et les animaux, mais elle ne nous éclaire point sur les fonctions de ces petits organes globuleux. Comme ils composent tous les organes des animaux, cela prouve que ce n'est point de leur forme qu'il faut tirer des inductions pour déterminer leurs fonctions; mais, chez les animaux, la nature chimique de ces corpuscules globuleux n'est point partout la même. Ainsi, ceux qui composent les muscles sont solubles dans les acides, tandis que ceux qui composent le système nerveux sont insolubles dans ces mêmes acides, mais seulement solubles dans les alkalis. Or, telle est aussi la nature chimique des corpuscules globuleux que l'on observe dans les végétaux, ainsi que nous venons de l'exposer. Ceci peut donc autoriser à penser que ces corpuscules globuleux sont des organes nerveux, ou plutôt que ce sont les éléments épars d'un système nerveux diffus, ou qui n'est point réuni en masses, comme il l'est chez les animaux. Cette considération, appuyée sur l'analogie de la nature chimique des corpuscules globuleux, est encore fortifiée par l'observation de la structure intime du système nerveux de certains animaux : ainsi, chez les mollusques gastéropodes, la substance médullaire du cerveau est composée de cellules globuleuses agglomérées, sur les parois desquelles il existe une grande quantité de corpuscules globuleux ou ovoïdes, comme on le voit dans la figure 20. Ces corpuscules, de couleur blanche, sont évidemment de très petites cellules remplies de substance médullaire nerveuse; elles sont situées sur les parois des grandes cellules qui contiennent une substance demi-transparente. La similitude de cette organisation avec celle du tissu cellulaire médullaire des végétaux est évidente : nous voyons ici de même de petites cellules globuleuses, remplies de substance concrescible par les acides, et situées sur les parois des grandes cellules. Cette analogie très remarquable de structure qui existe entre le tissu cellulaire médullaire des végétaux et la substance du cerveau des mollusques est donc une analogie de plus, qui sert à étayer l'opinion que nous venons d'émettre sur la nature et sur les fonctions des corpuscules végétaux que nous considérerons comme des molécules nerveuses éparses sur les parois des cellules; et, en effet, les phénomènes singuliers que présentent les végétaux *irritables* ne permettent guère de douter qu'il n'y ait chez eux quelque chose d'analogue aux fonctions que remplit le système nerveux chez les animaux. Ces phénomènes tendent, par conséquent, à prouver qu'il y a chez les plantes, sinon un système nerveux, au moins quelques éléments de ce système. On sent qu'il serait impossible de trouver un plus grand nombre de preuves tirées de l'analogie entre les animaux et les végétaux, pour établir, chez ces derniers, l'existence des éléments du système nerveux. L'immense distance qui sépare ces deux classes d'êtres ne laisse subsister entre elles aucune de ces analogies empruntées de la forme générale et de la position des masses qui nous servent, dans l'anatomie comparée des animaux, à déterminer la nature des organes. Déjà ces analogies ont disparu graduellement chez les zoophytes; il ne reste, chez les végétaux, lorsqu'on veut les comparer aux animaux, que les analogies empruntées de la forme, de la position, et de la nature chimique des particules qui composent le tissu organique. Lors donc que nous avons saisi ces analogies des particules, nous avons saisi tout ce qu'il y a de comparable dans la structure organique des végétaux et des animaux. Fondé sur les observations qui viennent d'être exposées, je n'hésiterai donc point à considérer les corpuscules globuleux de nature concrescible qui sont situés dans les parois des cellules des végétaux, comme des *corpuscules nerveux*; je les désignerai dorénavant sous ce nom, que l'on devra considérer comme une expression abrégée qui signifie *une cellule globuleuse microscopique, remplie de substance nerveuse.*

Les cellules de la moelle ne contiennent que de l'air dans les tiges de la sensitive un peu âgées; mais lorsque ces tiges sont naissantes, comme elles le sont aux extrémités des rameaux, les cellules de la moelle contiennent un fluide diaphane concrescible par la chaleur et par les acides, et soluble cependant dans ces derniers. Pour voir cela, il faut couper une tranche de moelle extrêmement mince, et la mettre dans un peu d'eau. Cette tranche transparente, observée au microscope, ne fait apercevoir que des cellules diaphanes dans les parois desquelles on distingue une grande quantité de corpuscules nerveux; mais si l'on trempe cette tranche dans l'acide nitrique froid pendant une ou deux minutes, on voit que plusieurs de ces cellules deviennent opaques, tandis que les autres conservent leur transparence, comme on le voit dans la figure 2. C'est spécialement auprès de l'étui médullaire que ces cellules opaques sont nombreuses. Cette observation prouve que ces cellules contiennent, dans l'état naturel, un fluide diaphane qui est concrété par l'action à froid de l'acide nitrique. Si l'on fait chauffer dans cet acide la petite tranche dont il vient d'être question, toutes les cellules qui étaient devenues opaques reprennent leur transparence; il y a dissolution complète de la substance concrétée qu'elles contenaient.

L'étui médullaire de la sensitive est composé d'une assez grande quantité de trachées qui, dans l'état naturel, ne se déroulent point; elles sont extrêmement petites. Lorsqu'on fait bouillir la tige de cette plante dans l'acide nitrique, les trachées se remplissent d'air; on les voit alors très facilement, d'autant plus que le tissu végétal environnant a acquis de la transparence. La propriété de l'acide nitrique à chaud étant de détruire l'agrégation des organes qui composent les végétaux, il en résulte que par ce moyen les trachées s'isolent tout-à-fait du tissu végétal environnant, et qu'elles deviennent plus faciles à dérouler qu'elles ne l'étaient auparavant. J'espérais, par ce moyen, obtenir le déroulement des trachées de la sensitve; cependant, quoique je leur eusse fait subir une ébullition de dix minutes, elles refusèrent de se dérouler : on pourrait penser, d'après cela, que ce ne sont point des trachées. On sait que M. Mirbel a admis chez les végétaux des *fausses trachées*, c'est-à-dire des tubes qui, par leur aspect, ressemblent extérieurement aux trachées, mais qui en diffèrent parcequ'ils ne se déroulent point comme elles : mais tels ne sont point les vaisseaux de la sensitive dont il vient d'être question ; car, en les faisant bouillir pendant long-temps dans l'acide nitrique, ils finissent par devenir susceptibles de se dérouler. Ainsi, l'impossibilité qu'il y avait de dérouler ces trachées dans l'état naturel provenait de l'adhérence mutuelle de leurs spires qui était plus forte que la ténacité du fil spiral, en sorte que celui-ci se rompait plutôt que de quitter l'adhérence qui l'unissait aux spires voisines. Une longue ébullition dans l'acide nitrique détruit cette adhérence, et alors les apparentes *fausses trachées* se trouvent être des trachées véritables. M. Link, dans ses *Recherches sur l'anatomie des plantes* [1], a fait mention de ces trachées qui ne se déroulent point ; il les nomme *vaisseaux en spirale soudée*. Au reste, j'ai observé que les spires des trachées sont unies entre elles par une membrane transparente qui se déchire lorsqu'on déroule le fil spiral ; cela se voit avec facilité lorsque, par l'ébullition dans l'acide nitrique, on a complètement isolé des trachées qui

---

[1] *Annales du Muséum d'histoire naturelle*, tome 19.

se trouvent remplies d'air, et dont les spires sont un peu éloignées les unes des autres. L'un des végétaux qui se prête le mieux à ce genre d'observations est le *solanum tuberosum*. Les pétioles des feuilles de cette plante contiennent des trachées très grosses et plongées dans un tissu très délicat, ce qui rend leur observation très facile, surtout à l'aide de l'acide nitrique. On peut, sur ce végétal, voir avec facilité la membrane qui unit entre elles les spires des trachées. M. Mirbel a fait mention de cette membrane dans son *Traité d'anatomie et de physiologie végétale*; car il dit positivement que la trachée, en se déroulant, présente *quelquefois* deux filets réunis par une membrane intermédiaire. Il dit un peu plus bas : *On peut conjecturer avec quelque apparence de raison que, dans beaucoup de cas, les trachées ne se déroulent que parcequ'on déchire les membranes qui unissent les spires entre elles* [1]. Mais, quittant bientôt cette manière de voir, qui ne s'accordait pas avec sa théorie, M. Mirbel considère les trachées comme formées d'une lame roulée en spirale, bordée souvent de petits bourrelets calleux [2]; à l'appui de cette opinion, il donne la figure très grossie d'une portion de trachée, figure dont je reproduis ici l'analogue (fig. 3, *a*). Dans l'explication que M. Mirbel donne de cette figure, il considère la trachée comme ayant des fentes transversales bordées en dessus et en dessous par le

---

[1] *Traité d'anatomie et de physiologie végétale*, chap. 4, article 1er.
[2] *Eléments de physiologie végétale et de botanique*, page 52.

bourrelet ou cordon saillant que l'on voit ici de chaque côté de la lame qu'a formée la trachée en se déroulant. D'abord je dois faire observer que la forme de trachée représentée ici est assez rare; je ne l'ai observée que dans quelques trachées du sureau (*sambucus nigra*). Ici la trachée est composée de deux fils spiraux juxtaposés et formant une lame opaque par leur réunion; cette lame est roulée en spirale dont les spires sont écartées les unes des autres, et leurs intervalles sont remplis par une membrane transparente *c*. Lorsqu'on essaie de dérouler cette trachée, le déroulement s'opère par la séparation des deux fils qui forment la lame opaque, en sorte que la membrane transparente qui remplissait les intervalles des spires se trouve rester intacte et bordée de chaque côté par un fil opaque, qui est la moitié de la lame opaque qui composait la spire de la trachée avant son déroulement. J'ai représenté la continuation de cette trachée non déroulée en *b*. Cette figure fera voir, mieux que l'explication que j'en pourrais donner, l'erreur où est tombé M. Mirbel, en prenant pour une lame spirale de trachée ce qui n'est dans le fait que la membrane intermédiaire aux spires, bordée de chaque côté par un des deux fils spiraux qui forment cette lame par leur réunion. L'adhérence mutuelle de ces deux fils étant moins forte que ne l'est la résistance de la membrane intermédiaire aux spires, il en résulte que le déroulement de la trachée s'opère seulement par la séparation de ces deux fils qui, dans l'état naturel, ne sont point séparés par une fente comme l'admet

M. Mirbel. Au reste, on sait que les trachées, qui souvent n'ont qu'un seul fil spiral, en possèdent quelquefois deux, trois et quatre, ainsi que je l'ai observé moi-même; M. Link en a compté jusqu'à sept. Ces fils spiraux, qui se suivent parallèlement, forment, par leur assemblage, une lame en spirale plus ou moins large; et la réunion de ces fils, opérée par une membrane intermédiaire quelquefois apercevable, ne laisse point subsister de fentes entre eux. Ainsi les trachées n'ont point de fentes transversales en spirale, comme le pense M. Mirbel, qui trouve dans ces *fentes* et dans les *bourrelets* prétendus qui les bordent, une transition heureuse pour passer des trachées aux *fausses trachées*, dans lesquelles il a cru reconnaître des *fentes transversales bordées de bourrelets*, fentes qui, selon lui, ne diffèrent que par leur forme alongée, des *pores*, également bordés d'un *bourrelet*. Nous avons prouvé plus haut que ces prétendus *pores* n'existent point dans le tissu cellulaire; nous verrons tout à l'heure qu'ils n'existent point non plus sur les tubes que M. Mirbel appelle *poreux*. Nous venons de voir que les trachées n'ont point de fentes transversales en spirale; nous verrons dans un instant que les fausses trachées ne sont point non plus fendues transversalement.

Les trachées sont, en général, des tubes dont la longueur est considérable; la manière dont ils se terminent n'a point encore été observée. M. Mirbel prétend que ces tubes se métamorphosent vers leurs extrémités en tissu cellulaire, et qu'il en est de même des autres tubes végétaux. Cette assertion est encore infirmée par l'observation. J'ai vu dans les pétioles des feuilles du noyer (*juglans regia*), et dans l'étui médullaire du sureau (*sambucus nigra*), que les trachées se terminent en devenant des spirales coniques dont la pointe devient très aiguë, comme on le voit dans la figure 4; j'ai vu que cette terminaison des trachées était la même en haut et en bas, c'està-dire à la base et au sommet de ces tubes spiraux.

Les trachées sont très souvent munies extérieurement de corpuscules nerveux plus ou moins nombreux. On peut faire cette observation avec facilité dans les tiges du *solanum tuberosum* et du *cucurbita pepo*, en dissociant leurs parties constituantes par le moyen de l'ébullition dans l'acide nitrique, qui rend opaques les corpuscules nerveux, lesquels, dans l'état naturel, ne sont point apercevables, à cause de leur transparence. On voit, dans ces deux végétaux, les trachées accompagnées souvent de deux rangées de corpuscules nerveux qui restent adhérents à leurs spires lorsqu'on les déroule, comme on le voit dans la figure 5. Ces corpuscules concrétés par l'acide nitrique, étant mis dans la solution acqueuse de potasse caustique, y deviennent fluides et transparents : ainsi il n'y a pas de doute qu'ils ne soient tout-à-fait semblables à ceux qui sont situés dans les parois du tissu cellulaire. Quelquefois les trachées sont couvertes de rangées transversales de corpuscules nerveux, comme on le voit dans la figure 6, qui représente une trachée du *clematis vitalba*. Une portion de cette trachée se trouve dépourvue de corpuscules nerveux, et cela ne provient évidemment que de ce que ces corpuscules ont été enlevés par la manière dont s'est opérée la déchirure du tissu végétal, car ils n'adhèrent que faiblement aux trachées sur lesquelles ils sont appliqués; ils ne font point partie essentielle de leur organisation. Il n'en est pas de même des corpuscules que l'on observe à la surface des tubes que M. Mirbel a nommés *tubes poreux* (fig. 7), parcequ'il prend les corpuscules nerveux qui les couvrent pour des pores environnés d'un bourrelet opaque et saillant. Le tube que je représente est emprunté au sureau (*sambucus nigra*). Ces corpuscules sont ici contenus dans les parois mêmes du tube qui les porte; ils ne peuvent jamais en être séparés. J'ai démontré plus haut que M. Mirbel était tombé dans l'erreur en prenant les corpuscules nerveux du tissu cellulaire pour des pores; les mêmes preuves me serviront ici pour démontrer la véritable nature des prétendus pores de ses *tubes poreux*. Dans un grand nombre d'observations et d'expériences que j'ai faites sur les vaisseaux corpusculifères de beaucoup de végétaux, j'ai toujours vu que les corpuscules qu'ils offraient se comportaient exactement comme ceux du tissu cellulaire, lorsqu'on les soumettait à l'action de l'acide nitrique ou de la potasse caustique. Le premier les rend opaques et paraît les concréter; la seconde les rend transparents et les dissout. Ainsi il ne peut rester aucun doute sur leur nature; ce sont des corpuscules nerveux fixés dans les parois des vaisseaux, comme ils sont situés dans les parois des cellules. Il n'y a donc point de *vaisseaux poreux*, suivant l'acception que M. Mirbel donne à cette expression. Déjà M. Link avait émis l'opinion que les *points obscurs* que l'on remarque dans le tissu cellulaire et à la surface des vaisseaux ne sont pas des pores entourés d'un bourrelet saillant, mais que ce sont *des petits grains transparents au milieu* [1]; il pense qu'il en est de même *des lignes transversales obscures et interrompues qu'on observe dans les vaisseaux*, auxquels cet observateur donne, avec M. Mirbel, le nom de *fausses trachées*. On sait que ce dernier naturaliste considère ces lignes transversales interrompues comme des fentes bordées d'un bourrelet. Si l'on veut observer ces vaisseaux avec facilité, il faut soumettre à l'ébullition dans l'acide nitrique un morceau de bois de vigne (*vitis vinifera*), et cela pendant un espace de temps suffisant pour que l'agrégation de ses parties constituantes soit presque complètement détruite; alors on observe avec la plus grande facilité tous les organes qui entrent dans sa composition. Lorsque l'on coupe transversalement le bois de la vigne, on découvre, à l'œil nu, les ouvertures d'une grande quantité de gros tubes : ce sont des *fausses trachées* de M. Mirbel. Ces tubes, que l'ébullition dans l'acide nitrique remplit d'air, sont articulés et chacun des articles dont ils sont composés est environ trois à quatre fois plus

---

[1] Ouvrage cité, pages 314 et 350.

long qu'il n'est large. Les cavités de ces articles ne communiquent point entre elles ; cela se voit facilement, parceque l'air qui les remplit forme autant de bulles alongées et séparées les unes des autres qu'il y a d'articles ; cela prouve bien évidemment qu'il y a une cloison intérieure à chaque articulation. Je donne (fig. 8) la figure de l'un de ces articles ; on voit qu'il est couvert de lignes transversales interrompues. Ces lignes, que leur opacité fait paraître noires, ressemblent assez bien à des spires de trachées qui seraient interrompues de distance en distance : je ne sais si ce sont ces lignes ou bien leurs intervalles demi-transparents que M. Mirbel considère comme des fentes transversales. Pour savoir à quoi m'en tenir sur la nature de ces lignes opaques, j'ai eu recours au moyen dont j'ai déjà fait mention ; j'ai fait chauffer dans une forte solution acqueuse de potasse caustique le tissu de la vigne déjà préparé, comme il a été dit ci-dessus, par le moyen de l'acide nitrique. Ce second réactif a complètement fait disparaître les lignes opaques dont il vient d'être question ; et les articles des gros vaisseaux, sur lesquels on les observait auparavant, n'ont plus présenté qu'un aspect et une demi-transparence uniformes. Nous avons vu plus haut que tel était constamment l'effet produit sur les corpuscules nerveux par la potasse caustique ; elle les rend transparents, et les fait ainsi disparaître quand ils ne possèdent aucune coloration. La potasse caustique ne produit point le même effet sur les fils spiraux des trachées : malgré l'action prolongée de cet alkali, ils conservent constamment leur opacité; ainsi, il n'y a aucune analogie entre ces fils spiraux et les lignes opaques dont il vient d'être fait mention ; ces dernières sont évidemment des corpuscules nerveux alongés et linéaires. Peut-être ces lignes sont-elles formées par des séries de corpuscules globuleux placés à la file et qui se touchent ; nous verrons bientôt un exemple qui pourra fortifier ce soupçon. Le *clematis vitalba* contient, comme la vigne, une grande quantité de ces gros tubes articulés, dont les orifices sont visibles à l'œil nu; leurs articles sont très courts, et ils sont couverts de corpuscules nerveux qui représentent des lignes transversales extrêmement courtes, comme on le voit dans la figure 9. C'est en vain que je cherche ici ce qui a pu induire M. Mirbel en erreur, en lui faisant voir, dans les tubes qu'il appelle des *fausses trachées*, des fentes transversales *bordées d'un bourrelet*. On pourrait croire que ce naturaliste a vu cela sur d'autres végétaux que ceux que j'ai observés. A cela je répondrai que M. Mirbel a donné spécialement la figure du gros vaisseau de la vigne [1] dont je viens d'exposer la structure, et qu'il y dessine les fentes ouvertes à jour qui constituent ses fausses trachées. Il est donc certain que M. Mirbel s'est laissé induire en erreur par quelque illusion d'optique; et, dans le fait, il n'est pas étonnant qu'ayant pris des corpuscules nerveux semblables à des points

---

[1] *Eléments de physiologie végétale et de botanique*, planche 12, figure 10.

pour des *pores*, il ait pris des corpuscules nerveux linéaires pour des fentes. Ainsi il n'y a point de *fausses trachées*, dans le sens que M. Mirbel attache à cette expression; il y a des trachées qui ne se déroulent point, parceque leurs spires sont fortement soudées; il y a des tubes couverts de corpuscules nerveux linéaires dont la direction est transversale : voilà les deux sortes de vaisseaux que M. Mirbel a pris pour des *fausses trachées*. Ces organes n'existent pas plus que les *tubes poreux*, pas plus que le tissu *cellulaire poreux*, dans le sens que M. Mirbel attache à ces dénominations. J'en dirai autant des tubes que ce naturaliste appelle *mixtes*, et qui, véritables trachées dans une portion de leur longueur, seraient, dans les portions suivantes, successivement *fausses trachées* et *tubes poreux*, en sorte que le même tube offrirait une organisation différente dans les diverses portions de son étendue. La source de cette erreur est facile à découvrir. Les trachées sont quelquefois couvertes de corpuscules nerveux qui masquent leurs spires en partie, comme nous venons de le voir (figure 6); M. Mirbel, considérant ces corpuscules comme des pores, et voyant les lignes transversales de la trachée interrompues par les corpuscules nerveux qui les masquent, a été conduit par là à penser que la trachée qu'il observait avait quitté sa structure en spirale, pour devenir un tube muni de pores et de petites fentes transversales. Pour moi, j'ai toujours vu les trachées conserver l'organisation qui les caractérise dans toute leur étendue; cependant le moyen d'analyse que j'emploie m'a souvent permis de suivre ces tubes dans une portion considérable de leur longueur. Mes observations à cet égard ont été tellement multipliées et tellement précises, que je ne crains point d'affirmer que jamais un même tube végétal ne présente successivement l'organisation en spirale des trachées et la structure particulière aux tubes corpusculifères que M. Mirbel désigne sous les noms de *tubes poreux* et de *fausses trachées*. Ainsi, il n'existe point de *tubes mixtes*, à moins qu'on ne veuille appliquer ce nom aux tubes dont la surface présente simultanément des lignes transversales obscures et des points obscurs, c'est-à-dire des corpuscules nerveux linéaires dirigés transversalement, et des corpuscules nerveux globuleux. On trouve cette réunion, par exemple, sur les gros tubes dont on voit les orifices à l'œil nu dans le bois du chêne (*quercus robur*). La figure 10 représente l'un de ces tubes, que l'on pourrait appeler *mixtes*, si la forme des corpuscules nerveux qui les couvrent leur donnait un caractère particulier d'organisation, ce que je ne pense pas. En effet, quand on considère la forme et la position des gros tubes corpusculifères, on ne peut se dispenser de reconnaître que tous ces tubes sont identiques, bien qu'ils diffèrent souvent par la forme et par la position des corpuscules nerveux qui sont situés dans l'épaisseur de leurs parois. S'il fallait reconnaître autant de sortes de tubes qu'il y a de formes particulières dans les corpuscules nerveux qui les couvrent, on multiplierait d'une manière indéfinie les distinctions et les dénominations ; car il est probable qu'il y a beaucoup de diversité à cet égard. La sensitive, à elle seule, nous offre deux variétés toutes nouvelles dans la configuration des corpuscules nerveux de ces gros tubes ; en effet, dans l'étui médullaire de cette plante, à côté des trachées, on trouve des tubes dont le diamètre est environ le double de celui de ces dernières, et dont les parois offrent des corpuscules nerveux disposés en losanges irrégulières, comme on le voit dans la figure 11. Lorsqu'on observe ces tubes encore adhérents aux organes qui les environnent, on les prendrait volontiers pour un faisceau de trachées à moitié déroulées ; tel est, en effet, l'aspect que présentent, au premier coup d'œil, les lignes en *losanges* qui parcourent ces tubes dans le sens longitudinal. J'avoue que j'ai moi-même douté si cette apparence n'était point produite par des trachées fort petites, collées sur le tube dont il est ici question ; mais ayant plusieurs fois obtenu ce tube parfaitement isolé, j'ai pu l'examiner dans tous les sens, et me convaincre que les lignes en *losanges* que présente sa surface sont bien réellement des corpuscules nerveux contenus dans l'épaisseur de ses parois. Dans les pétioles des feuilles de la sensitive, on trouve des tubes dont les corpuscules nerveux offrent une autre configuration ; ils présentent des lignes longitudinales disposées symétriquement, comme on le voit dans la figure 12.

Quelles sont les fonctions de ces tubes corpusculifères ? quelles sont les fonctions des trachées qui leur sont associées dans l'étui médullaire ? Voilà des questions auxquelles il est impossible de répondre d'une manière satisfaisante dans l'état actuel de nos connaissances. Nous ne pouvons offrir ici sur cet objet que des conjectures plus ou moins probables. Je pense que les gros tubes corpusculifères sont les canaux par lesquels la sève opère son ascension dans le végétal. Ces tubes n'occupent pas seulement l'étui médullaire, ils existent dans tout le système central du végétal, et se remarquent spécialement chez les végétaux ligneux dans les intervalles des couches annuelles du bois; ils sont très nombreux dans le bois de la vigne, et il m'a paru que c'était par leurs orifices que sortait la sève qui coule si abondamment au printemps des rameaux tronqués de ce végétal. Une force considérable préside à ce mouvement d'ascension de la sève, ainsi que l'a expérimenté Hales; cette force n'est pas le seul résultat de la capillarité, puisque l'ascension de la sève n'a plus lieu dans les branches mortes qui tiennent encore au végétal vivant, branches dont la capillarité est cependant toujours la même.

Les fonctions des trachées ont été l'objet de bien des discussions. Les premiers naturalistes qui les découvrirent, séduits par leur analogie avec les trachées des insectes, n'hésitèrent pas à les considérer comme des organes respiratoires; d'autres observateurs affirmèrent que ces tubes ne contiennent jamais d'air, mais bien de la sève; mes observations m'ont prouvé la vérité de cette dernière opinion. Les trachées conduisent bien certainement un liquide diaphane, et jamais on ne trouve une seule bulle d'air dans leur intérieur. Le moyen d'analyse que j'emploie, l'ébullition dans l'acide nitrique, remplit les trachées, comme tous les autres tubes, d'un fluide aériforme; elles offrent alors un aspect tout particulier et très différent de celui qu'elles présentent dans l'état naturel. Ainsi il est bien certain que, dans ce dernier état, elles ne contiennent jamais d'air. Quelles sont donc leurs fonctions? Admettra-t-on, avec M. Mirbel, qu'elles servent, comme les tubes corpusculifères, à conduire la sève dans son ascension? mais il répugne à croire que la nature ait attribué des fonctions semblables à des tubes aussi différents dans leur organisation, surtout lorsqu'on voit ces tubes placés les uns à côté des autres dans l'étui médullaire; car on concevrait peut-être qu'une position très différente d'un même organe entraînât une modification dans son organisation. Ce qu'il y a de certain, c'est que les fonctions des trachées ont un rapport nécessaire et immédiat avec les fonctions des feuilles; on ne les trouve que dans les feuilles et dans l'étui médullaire, parties qui, dans les jeunes tiges, ont une correspondance intime et immédiate. Les fonctions des feuilles ne sont pas encore bien connues; il est certain cependant que la lumière exerce spécialement sur les feuilles une action *vivifiante*, soit par elle-même, soit en déterminant certaines combinaisons chimiques dans les fluides que contiennent leurs vaisseaux. Ceci est un objet important de physiologie végétale qui n'est point encore suffisamment éclairé, malgré les recherches d'Ingenhouz et de Sennebier, malgré les travaux encore plus étendus de M. Théodore de Saussure. Quoi qu'il en soit, il me paraît probable que les trachées sont destinées à transmettre dans le corps du végétal un liquide modifié dans les feuilles par les agents du dehors, et propre à propager l'action *vivifiante* dont nous avons parlé plus haut; ainsi elles seraient comparables, jusqu'à un certain point, aux trachées des insectes qui transportent dans toutes les parties de l'animal l'air atmosphérique qui doit y produire une influence *vivifiante*. Considérées sous ce point de vue, les trachées des végétaux seraient des organes respiratoires qui conduiraient un liquide *vivifiant*.

Après avoir étudié les organes qui composent l'étui médullaire, nous arrivons naturellement à l'examen de la couche ligneuse qui le recouvre. En effet, la sensitive, plante frutiqueuse, possède des *fibres ligneuses* tout-à-fait semblables à celles qui composent le bois des arbres. Ce mot *fibre ligneuse*, employé par quelques naturalistes, doit être banni de la science comme n'offrant aucune idée exacte; il indique seulement que les parties dont le bois est composé sont susceptibles de se diviser en filets très fins; cette division, comme on le sait, s'opère dans le sens de la longueur de la tige. Rien n'est plus difficile, dans l'état naturel, que l'observation microscopique du tissu qui compose le bois proprement dit, ou la partie ligneuse du système central; cette difficulté disparaît entièrement par le moyen que j'emploie.

En faisant chauffer un petit fragment d'un bois quelconque dans l'acide nitrique, ses parties constituantes ne tardent pas à perdre leur agrégation, elles se séparent au moindre effort, et alors leur observation au microscope ne présente plus aucune difficulté. On voit de cette manière que le bois est en majeure partie composé de tubes renflés dans leur milieu, et qui se terminent en pointe aiguë par leurs deux extrémités, comme on le voit dans la figure 13. Je désignerai ces tubes fusiformes par le nom de clostres[1]; ils sont appliqués les uns à côté des autres. Les clostres voisins se touchent par leur partie renflée, et laissent entre leurs pointes des intervalles qui sont remplis par les pointes des clostres qui les suivent en-dessus et en-dessous. Chez la sensitive, plusieurs de ces clostres sont divisés dans leur milieu par une cloison transversale (fig. 13 *a*), d'autres offrent deux ou trois cloisons, *bb*. La membrane qui forme ces tubes est très solide; elle est d'un aspect nacré. J'ai vu qu'ils étaient creux jusque dans leurs pointes, par les bulles d'air que l'action de l'acide nitrique produit souvent dans leur intérieur. Leurs parois ne contiennent aucun corpuscule nerveux. Ces organes fusiformes appartiennent spécialement aux végétaux ligneux; cependant on les rencontre aussi dans les parties des végétaux herbacés, qui présentent une certaine solidité; les végétaux dont le tissu est mou et délicat en sont tout-à-fait

---

[1] Mot dérivé de χλωστήρ, fuseau.

dépourvus. Ainsi il paraît que les clostres sont les organes auxquels les végétaux doivent spécialement la solidité de leur tissu. Cependant je noterai, comme un fait remarquable, que la tige du *clematis vitalba*, quoique ligneuse, ne contient point de clostres; elle est, en majeure partie, composée de petits tubes articulés qu'on peut considérer comme du tissu cellulaire alongé et articulé. Les clostres ne présentent pas toujours exactement la forme de fuseau que nous venons de leur reconnaître. Quelquefois ils représentent des tubes parallèles qui se terminent brusquement en pointe aiguë; c'est sous cette forme que se présentent, par exemple, les clostres du *pinus picea* (fig. 14). La forme des clostres a été figurée d'une manière assez exacte par M. Link; il désigne l'assemblage de ces organes, sous le nom de *tissu d'aubier*. M. Mirbel a également aperçu, quoique d'une manière peu distincte, cette organisation; il regarde le bois comme formé de *tissu cellulaire alongé*. Nul doute en effet que les clostres ne soient engendrés par un développement particulier des cellules, mais on conviendra que leur forme les éloigne trop du tissu cellulaire pour leur en conserver le nom. Les clostres sont les réservoirs d'un suc qui est susceptible de se concréter, et qui, presque toujours, acquiert en vieillissant une couleur plus ou moins foncée et une plus grande dureté. C'est ainsi que s'opère le changement de l'*aubier* en *bois de cœur*. En effet, ce n'est point par eux-mêmes que les clostres sont durs et colorés, c'est par la substance concrétée qu'ils contiennent. Si l'on fait chauffer du bois d'ébène dans l'acide nitrique, cet acide dissout la substance noire que contiennent les clostres, qui peu à peu acquièrent ainsi de la transparence, tandis que l'acide nitrique se colore fortement en noir. Ce fait prouve bien évidemment que la couleur du *bois de cœur* est due au suc coloré et endurci, que contiennent les clostres. Ceux-ci sont, par leur nature, d'un blanc nacré; c'est dans leur intérieur qu'est contenue la substance colorante des bois employés dans la teinture. On pourrait penser que la dureté plus ou moins grande du bois proviendrait de la ténuité plus ou moins considérable des clostres; mais il n'en est rien. En effet, j'ai vu que les clostres qui forment le bois ont des dimensions semblables dans le buis (*buxus sempervirens*) et dans le peuplier (*populus fastigiata*), c'est-à-dire dans les deux bois indigènes dont la dureté et la pesanteur spécifique offrent les plus grandes différences. Ce fait achève de prouver que la dureté et la pesanteur spécifique du bois dépendent exclusivement de la substance endurcie que contiennent les clostres; il paraît que ces organes sont vides dans le peuplier; aussi ce bois est-il tendre, extrêmement léger, et d'une couleur blanche, qui est la couleur naturelle des clostres. C'est par la même raison qu'il n'offre point la distinction de l'aubier et du *bois de cœur*; les clostres, partout également vides, sont partout également blancs, puisqu'ils ne doivent leur coloration qu'à la substance qu'ils contiennent chez les bois colorés.

Au reste, la coloration et la dureté qu'acquiert cette substance en vieillissant, et d'où résulte la transformation de l'aubier en *bois de cœur*, est un phénomène chimique dont l'essence n'est point connue.

Les clostres, dans l'aubier de formation récente, me paraissent être les réservoirs de la sève élaborée qui sert spécialement à fournir les matériaux de l'accroissement en diamètre du végétal, et qui, transmise de clostre en clostre par un mouvement descendant, va fournir aux racines les matériaux de leur accroissement. Je pense que cette sève élaborée, transmise à travers le tissu perméable du végétal, se mêle à la sève ascendante pour fournir aux bourgeons les matériaux de leur accroissement, et qu'elle va fournir aux vaisseaux propres les matériaux de la sécrétion qu'ils opèrent. On sait que c'est au moyen d'une diffusion semblable d'un suc élaboré que s'opèrent et la nutrition et les sécrétions chez les insectes. Lorsque cette sève élaborée est tout entière employée à l'accroissement du végétal, l'accroissement de ce dernier est rapide, et ses clostres restent vides; alors le bois est blanc, tendre et léger : lorsque, au contraire, la plus grande partie de cette sève élaborée demeure dans les clostres, et n'est point employée à l'accroissement, ce dernier est plus ou moins lent, et le bois demeure lourd, dur et coloré.

Les clostres, quoique contenant un liquide différent de la sève ascendante, ne doivent cependant point être confondus avec les vaisseaux propres, lesquels sont des organes sécréteurs. Ces derniers sont des tubes dont le diamètre est toujours plus grand que celui des clostres; ils sont, comme eux, toujours privés de corpuscules nerveux, mais les substances qu'ils contiennent sont bien différentes, et paraissent être purement excrémentitielles. Telle est, par exemple, la résine pure que contiennent les vaisseaux propres des arbres résineux. Cette substance n'est bien certainement pas destinée à l'accroissement et à la nutrition du végétal; mais ne serait-elle point le résidu de la substance alimentaire, qui aurait été absorbée, et avec laquelle elle était mêlée dans le principe? Les sucs laiteux, que l'on comprend généralement dans la classe des sucs propres, me paraissent devoir être considérés comme des liquides, au moins en partie excrémentitiels. Cette partie de la physiologie végétale demande, comme on le voit, de nouvelles recherches, et je ne m'y arrêterai pas davantage; je me contenterai de faire observer ici incidemment que les sucs résineux, qui sont abondants dans l'écorce de la plupart des conifères, ne sont point contenus dans des lacunes ou dans des cavités produites par le déchirement du tissu cellulaire, comme le pense M. Mirbel. Ces sucs résineux sont contenus dans des vaisseaux irrégulièrement renflés et tortueux. On les isole complètement par le moyen de l'acide nitrique. Ce fait et quelques autres me font penser que la théorie de M. Mirbel sur les *lacunes* a besoin de recevoir des modifications.

Les faisceaux des clostres sont mêlés, chez la sensitive, avec un tissu cellulaire qui se divise mécaniquement en filets longitudinaux, composés de séries de cellules, comme cela se voit dans la figure 15, *ab*, *cd*. Ici je crois devoir rappeler que, dans mes *Recherches sur l'accroissement* et *la reproduction des végétaux*[1], j'ai désigné sous le nom de *fibres* ces assemblages de cellules qui se prêtent avec facilité à la division longitudinale en filets, parceque les cellules qui les composent adhèrent plus les unes aux autres dans le sens de la longueur de la tige que dans le sens transversal, ce qui n'a point lieu pour le tissu cellulaire irrégulier. Mais, reconnaissant que ce mot *fibre* a été appliqué à plusieurs sortes d'organes linéaires très différents entre eux, et que par conséquent il est difficile d'y attacher une idée exacte, j'ai résolu de désigner ces assemblages rectilignes de cellules articulées les unes avec les autres par le simple nom de *tissu cellulaire articulé*. Pour peu qu'on multiplie un peu ses observations sur la structure intérieure des végétaux, on ne tarde pas à trouver des cellules articulées qui, par leur alongement dans le sens longitudinal, tendent à devenir des tubes. C'est ce que Link[2] a désigné sous le nom de *tissu cellulaire alongé*. On trouve, enfin, de véritables tubes articulés les uns avec les autres dans le sens longitudinal. Ces observations prouvent que, du tissu cellulaire articulé aux tubes articulés, il y a une transition évidente, et que ces organes ne diffèrent que par

---

[1] *Mémoires du Muséum d'histoire naturelle*, tome 7.
[2] *Annales du Muséum d'histoire naturelle*, tome 19.

les proportions respectives de leurs parties. Après cette petite digression, je reviens au tissu cellulaire articulé, qui m'y a conduit. Ce tissu cellulaire est assez généralement semblable à celui de la moelle; il est, comme ce dernier, tout couvert de corpuscules nerveux placés d'une manière fort irrégulière. Quelquefois cependant j'ai observé des portions de ce tissu cellulaire articulé qui offraient dans le milieu de chacune des cellules un seul corps linéaire placé longitudinalement, comme on le voit en *b* (figure 15); c'est un corpuscule nerveux qui, vu avec une forte lentille, paraît formé par une série de quatre ou cinq corpuscules globuleux placés à la file, comme on le voit en *a*. Ce fait justifie le soupçon que j'ai émis précédemment touchant la nature des corpuscules nerveux linéaires, que j'ai considérés comme probablement formés de très petits corpuscules placés à la file. Le tissu cellulaire articulé dont il est ici question est l'organe générateur des rayons médullaires dans les végétaux ligneux et frutiqueux. Les végétaux totalement herbacés ne possèdent point ces rayons, qui existent dans la tige frutiqueuse de la sensitive. Dans les jeunes tiges de cette plante, ce tissu cellulaire mêlé aux clostres est articulé dans le sens longitudinal (*c d*, fig. 15); ce n'est que dans ce sens qu'il se divise mécaniquement en filets. Dans les grosses branches ou dans le tronc, le sens de cette articulation est changé, et ce même tissu se trouve articulé dans le sens *d o*, c'est-à-dire dans le sens transversal, pour former les rayons médullaires. Ainsi, dans les tiges naissantes ou dans les jeunes branches des végétaux ligneux dicotylés, le tissu cellulaire articulé et corpusculifère qui est mêlé aux faisceaux des clostres, et qui est évidemment une émanation latérale de la moelle, est articulé dans le sens longitudinal, comme cela a lieu dans les petites plantes herbacées dicotylées. Lorsque ces tiges ou ces branches prennent de l'accroissement en diamètre, ce tissu cellulaire cesse de présenter une articulation longitudinale; il en prend une transversale, et c'est ainsi que se forment les rayons médullaires qui sont exclusivement formés de tissu cellulaire articulé.

Le système cortical de la sensitive est composé de clostres beaucoup plus alongés que ceux qui existent dans le système central, leur diamètre est également plus grand. Au reste, en parlant de la *longueur* de ces organes, je n'entends faire mention que de leur apparence au microscope; car, dans le fait, ils sont toujours d'une extrême petitesse. J'ai mesuré les clostres de la sensitive, et j'ai trouvé que les plus alongés, dans le système cortical, ont à peine un millimètre et demi de longueur sur $\frac{1}{55}$ de millimètre de largeur; les clostres du système central n'ont guère que la moitié de ces deux dimensions [1]. Les clostres du système cortical sont, comme ces

---

[1] Je me sers du microscope solaire pour mesurer les objets d'une extrême petitesse. Je compare l'image ou l'ombre produite à une distance déterminée par l'objet que je veux mesurer, avec l'ombre que produit, à la même distance, un petit morceau de fil métallique dont le diamètre exact m'est connu.

derniers, privés de corpuscules nerveux; leurs faisceaux sont plongés dans un tissu cellulaire corpusculifère tout-à-fait semblable à celui de la moelle. On y trouve de même, et en assez grande quantité, des cellules remplies de ce fluide concrescible par l'acide nitrique froid, et soluble dans le même acide chaud; cellules dont j'ai fait mention plus haut en étudiant la moelle. Cette identité parfaite de structure et de composition chimique entre la moelle et le parenchyme cortical est une preuve à ajouter à celles que j'ai exposées dans un précédent ouvrage [1], pour démontrer que ces deux tissus organiques ne diffèrent en aucune façon et ont des fonctions semblables; c'est donc avec raison que, dans cet ouvrage, j'ai donné à la moelle le nom de *médulle centrale*, et au parenchyme de l'écorce le nom de *médulle corticale*.

Les feuilles de la sensitive sont portées sur un long pétiole, à la base duquel existe une portion renflée *a b*, *c d* (fig. 18) que je désignerai par le nom *bourrelet*. Des renflements semblables, mais plus petits, existent à l'insertion des pinnules sur le sommet du pétiole, et à l'insertion des folioles sur les pinnules; c'est en eux que réside le principe des mouvements qu'exécutent les feuilles de la sensitive, comme nous le verrons plus bas. Le bourrelet qui est situé à la base du pétiole est le seul qui présente une grosseur suffisante pour qu'il soit possible d'en observer la structure intérieure : en le fendant longitudinalement, et en l'examinant à la loupe, on voit que ce

---

[1] *Recherches sur l'accroissement et la reproduction des végétaux.*

bourrelet est principalement formé par un développement considérable du parenchyme cortical; le centre est occupé par les tubes qui établissent la communication vasculaire de la feuille avec la tige : si l'on veut voir avec facilité l'organisation intérieure du parenchyme cortical qui constitue essentiellement ce renflement, il faut, avec un rasoir, enlever d'abord l'épiderme sur l'un de ses côtés ; ensuite on enlève une tranche de parenchyme, aussi mince qu'il est possible de l'obtenir, et on la soumet au microscope, plongée dans un peu d'eau. On voit de cette manière que le parenchyme du bourrelet est composé d'une grande quantité de cellules globuleuses et diaphanes dont les parois sont couvertes de corpuscules nerveux. Si on supprime l'eau dans laquelle est plongée la petite tranche, et qu'on mette en place un peu d'acide nitrique, on voit, en peu d'instants, les cellules diaphanes devenir d'abord jaunâtres, et ensuite complètement opaques. On reconnaît alors que ce sont des cellules tout-à-fait semblables à celles que nous avons déjà observées dans la moelle et dans le parenchyme cortical, excepté que celles-ci sont de forme globuleuse. Ces cellules, qui ne sont point en contact immédiat, sont alignées dans le sens longitudinal, comme on le voit dans la figure 16. J'ai représenté, dans cette figure, quelques unes de ces cellules alignées, et les autres dans un ordre confus, parceque c'est ordinairement ainsi qu'elles se présentent à l'observation, l'instrument tranchant avec lequel on enlève la lame mince du bourrelet, ne rencontrant que par hasard la direction alignée des cellules. La figure 17 représente ces cellules globuleuses plus grossies; on voit qu'il existe entre elles des intervalles qui sont occupés par un tissu cellulaire très délicat, et rempli d'une immense quantité de corpuscules nerveux semblables à des points opaques. Si l'on fait chauffer l'acide nitrique où se trouve la petite tranche de bourrelet mentionné plus haut, en présentant avec précaution le cristal de montre qui le contient au-dessus d'une lampe à esprit de vin, on ne tarde pas à voir disparaître complètement toutes les cellules globuleuses. La substance qu'elles contiennent est entièrement dissoute par l'acide; il ne reste plus alors que les cellules et le tissu extrêmement délicat qui les environne. J'ai vu qu'il suffisait d'une chaleur de 40 à 50 degrés R. pour que l'acide nitrique opérât la dissolution de la substance contenue dans ces cellules globuleuses. J'ai essayé sur ces organes l'action de la solution aqueuse de potasse caustique. Je n'ai observé à froid aucun changement dans leur transparence, mais à chaud j'ai vu que tout le parenchyme prenait une teinte verte uniforme; on n'apercevait plus les cellules globuleuses, ce qui me fit penser que la substance qu'elles contenaient avait été dissoute. Cependant, ayant soumis à la même épreuve une lame de parenchyme du bourrelet dont les cellules globuleuses avaient été rendues opaques par l'acide nitrique froid, je vis ces cellules globuleuses devenir encore plus opaques, et acquérir une couleur noire : ceci prouve que la potasse caustique carbonise ces cellules, lorsque son action succède à celle de l'acide nitrique, car elle ne produit point du tout cet effet lorsqu'elle agit sur ces cellules dans leur état naturel. Ce serait à tort que l'on croirait pouvoir conclure de cette expérience que la potasse caustique ne dissout point la substance que contiennent les cellules globuleuses; en effet, la solubilité de cette substance dans la solution alkaline est bien prouvée par les expériences suivantes. Si l'on fait bouillir dans l'eau un bourrelet de sensitive, les cellules globuleuses qu'il contient deviennent toutes opaques, ce qui provient de la concrétion de la substance contenue dans ces cellules; alors si l'on verse sur cette substance concrétée un peu de solution aqueuse de potasse caustique, cette substance concrétée se dissout et disparaît avec une extrême rapidité. Je me suis un peu étendu sur les propriétés de la substance contenue dans les cellules globuleuses du bourrelet, parceque ce dernier organe est la partie la plus intéressante à étudier dans la sensitive, comme étant, chez cette plante, l'organe immédiat du mouvement.

Les bourrelets situés à l'insertion des pinnules sur le sommet du pétiole ont la même organisation que le bourrelet situé à la base de ce dernier, seulement leurs cellules globuleuses sont plus petites.

Le pétiole de la feuille de sensitive offre à sa partie extérieure une grande quantité de clostres fort alongés; ils forment, pour ainsi dire, l'écorce du pétiole; dans son intérieur, on trouve du tissu cellulaire articulé et corpusculifère, et de gros tubes corpusculifères, dont nous avons déjà fait mention plus haut (fig. 12). Au centre du pétiole, existent des trachées à spires qui ne se déroulent point dans l'état naturel, mais que l'on parvient à dérouler au moyen d'une longue ébullition dans l'acide nitrique.

Les folioles de la sensitive contiennent une immense quantité de corpuscules nerveux; pour les voir, il faut plonger une feuille de cette plante dans l'acide nitrique, à la température de l'eau bouillante, pendant une minute seulement, et la transporter de suite dans l'eau pure. Par cette opération, les folioles deviennent fort transparentes, et laissent apercevoir, au microscope, leurs innombrables corpuscules nerveux, qui sont devenus opaques. Ils sont d'une extrême petitesse; leurs groupes sont spécialement placés autour des nervures, ou plutôt des vaisseaux qui parcourent la foliole. Les rameaux les plus fins de ces vaisseaux, chargés de ces corpuscules globuleux, ressemblent tout-à-fait à un végétal chargé de fruits.

La racine de la sensitive offre, dans son système central, des clostres mêlés avec de gros tubes tout-à-fait semblables par leur forme, leur grosseur et leur position aux tubes corpusculifères de la tige; mais on n'aperçoit point de corpuscules nerveux dans leurs parois; cela tient probablement à la petitesse et à la grande transparence de ces corpuscules.

Le tissu cellulaire articulé est disposé en rayons médullaires concentriques dans les grosses racines, et en filets longitudinaux dans les radicelles. Les corpuscules nerveux qu'il contient sont fort transparents, et l'acide nitrique ne les rend point opaques, ce qui fait qu'ils sont bien moins visibles que ceux du système central de la tige. On sait qu'il n'y a, dans les racines, ni moelle, ni étui médullaire, ni trachées. Ce fait est général. Cependant MM. Link et Tréviranus prétendent avoir trouvé des trachées dans les racines : n'en ayant jamais trouvé dans des recherches assez nombreuses que j'ai faites, je suis porté à penser que ces deux naturalistes ont observé des tiges souterraines, en croyant observer des racines véritables. Il est en effet facile de les confondre; j'ai indiqué les moyens de les distinguer dans mes *Recherches sur l'accroissement et la reproduction des végétaux* '. Ces tiges souterraines possèdent en effet des trachées, de même que les tiges aériennes, ainsi que je l'ai observé.

Le système cortical de la racine de sensitive ne diffère point essentiellement du système cortical de la tige, sous le point de vue de sa composition anatomique; seulement je n'ai point vu que les cellules de son parenchyme continssent un fluide concrescible par les acides.

Lorsqu'on coupe une jeune tige de sensitive, ou le bourrelet du pétiole de l'une de ses feuilles, on en voit sortir sur-le-champ une goutte d'un liquide diaphane qui, vu au microscope, paraît composé d'une immense quantité de globules transparents. J'ai re-

' *Mémoires du Muséum d'histoire naturelle*, tome 8, page 29.

cueilli une certaine quantité de ce fluide sur une lame de verre; et ayant mis dedans une goutte d'acide nitrique très affaibli, il s'y est formé sur-le-champ un coagulum membraneux qui, vu au microscope, s'est trouvé entièrement composé de globules opaques agglomérés : ces globules sont ceux que l'on apercevait à peine auparavant, à cause de leur transparence. Ayant mis une goutte de solution aqueuse de potasse caustique sur ce coagulum membraneux, les globules dont il était composé ont été entièrement dissous. La propriété que possède ce fluide d'être concrété et rendu opaque par l'acide nitrique, met à même de déterminer quels sont les vaisseaux dans lesquels il est contenu. Une lame mince et transparente, coupée longitudinalement dans le milieu d'une jeune tige, étant plongée dans l'acide nitrique froid, et examinée ensuite au microscope, on voit que les seuls organes qui soient rendus opaques par cette opération sont quelques unes des cellules des deux médulles centrale et corticale, cellules que nous avons vues contenir un fluide concrescible ; tous les autres organes conservent leur transparence. Ainsi il n'y a point de doute que le fluide concrescible dont il est ici question ne soit celui qui sort de celles de ces cellules qui ont été ouvertes par la section, ou par la lacération du tissu végétal.

Les divers organes creux que nous avons observés dans le tissu végétal, c'est-à-dire les cellules, les trachées, les tubes membraneux et les clostres, n'ont entre eux que des rapports de contiguïté; il n'existe jamais de communication directe entre leurs cavités. Ainsi les fluides qu'ils contiennent ne peuvent être transmis des uns aux autres que par les pores de leurs parois. L'existence des pores n'est donc point douteuse, mais on s'en ferait une idée bien fausse, si on les considérait comme des trous faits exprès pour livrer passage aux fluides; ce ne sont, dans le fait, que des espaces intermoléculaires. Les solides organiques sont généralement composés de molécules intégrantes globuleuses, ainsi que nous le verrons plus bas, en étudiant la structure organique des animaux. Or, on conçoit que ces molécules globuleuses doivent laisser entre elles des espaces vides qui n'existent point entre les molécules polyèdres des minéraux ; molécules dont les facettes s'appliquent exactement les unes sur les autres. De là vient la grande perméabilité pour les fluides aqueux que présentent en général tous les tissus organiques, quoiqu'on n'aperçoive aucun trou, ou aucun pore proprement dit dans leurs membranes, même dans celles que nous savons être les plus perméables. L'épiderme humain, par exemple, dont la perméabilité est si grande, ne laisse cependant apercevoir aucun pore avec les plus forts microscopes. Ainsi la doctrine émise par M. Mirbel, touchant l'existence des pores visibles dans les parois des tubes et du tissu cellulaire des végétaux, serait douteuse, par le seul fait de la grandeur et de la forme de ces pores prétendus, quand bien même cette doctrine ne serait pas infirmée directement par l'observation.

Les fluides, pour passer d'un organe creux dans un autre, ont besoin de traverser les deux parois contiguës de ces organes ; car l'observation démontre que tous ces organes ont chacun une membrane propre, et qu'ainsi ils n'ont jamais de paroi commune là où ils sont contigus. En effet, nous avons vu que, par le moyen de l'ébullition dans l'acide nitrique, on isole les unes des autres toutes les cellules de la moelle, lesquelles, ainsi isolées, se trouvent former chacune une vésicule complète ; il en est de même du tissu cellulaire articulé, chacun des articles dont il se compose se détache en formant une vésicule sans aucune ouverture. Ainsi les cellules sont des vésicules simplement agglomérées, et sans aucune continuité entre elles ; leur forme originelle est la forme globuleuse : c'est par l'égalité de la compression qu'elles éprouvent dans tous les sens, qu'elles prennent souvent une forme polyèdre symétrique. Les cellules isolées et extrêmement petites conservent cette forme globuleuse que nous avons observée dans les corpuscules nerveux. J'ai encore observé cette forme globuleuse des cellules dans la substance dure qui forme le noyau ou l'*endocarpe* de l'abricot ; cette substance étant soumise à l'ébullition dans l'acide nitrique, perd complètement sa dureté, ses éléments organiques se dissocient avec facilité, et on voit qu'elle est entièrement composée de petites cellules vésiculaires et globuleuses, qui sont agglomérées, comme on le voit dans la figure 19. Ces cellules contenaient une substance concrète et fort dure dont l'acide nitrique a opéré la dissolution. C'est ici spécialement que l'on voit avec évidence que les cellules sont tout-à-fait indépendantes les unes des autres, et que leur forme originelle est la forme globuleuse. Les clostres, qui ne sont que des cellules tubuleuses soumises à un mode particulier de développement, n'ont de même jamais de parois communes dans les endroits où ils sont contigus; il en est de même de tous les tubes végétaux : on les obtient toujours, par le moyen que j'ai indiqué, parfaitement *nus* et complètement isolés de tous les organes qui les environnaient, et auxquels ils étaient simplement contigus. Les tubes qui sont réunis en faisceaux n'ont point non plus de paroi commune là où ils se touchent; car j'ai toujours vu ces tubes se séparer les uns des autres, en formant chacun un tube complet. Ce n'est point sans regret que je me trouve encore ici dans la nécessité de combattre les assertions d'un naturaliste célèbre, que je semble avoir entrepris de contredire en tout, tant il y a de disparité entre ses observations et les miennes. Selon M. Mirbel, les cellules auraient une paroi commune là où elles se touchent; il en serait de même des tubes rassemblés en faisceaux : les tubes isolés seraient latéralement continus avec le tissu cellulaire qui les environne. Sur ces assertions, que l'observation infirme, M. Mirbel fonde une théorie de l'organisation végétale dont on voit de suite le peu de solidité. Selon ce naturaliste, toutes les cellules et tous les tubes seraient le résultat des diverses manières d'être d'un seul et même tissu membraneux continu dans toute l'étendue du végétal, et dont l'épiderme ferait la limite. Considéré de cette manière, et pour me servir d'une comparaison grossière, mais assez juste, le tissu végétal, rempli de cavités de différentes formes, ressemblerait, en quelque sorte, à un pain dont la substance, continue dans toutes ses parties, offre une immense quantité de cavités cellulaires; mais l'observation, comme je viens de le dire, n'est point d'accord avec cette théorie : elle prouve que chaque tube et chaque cellule est un organe circonscrit qui possède des parois qui lui sont exclusivement propres, et qui se détache d'une manière nette des autres organes qui l'environnent, ce qui peut faire penser que ces organes contigus étaient simplement agglutinés. On peut supposer, il est vrai, que l'acide nitrique ne séparerait ces organes les uns des autres qu'en détruisant un tissu intermédiaire qui établissait leur continuité, mais ceci est une pure hypothèse. Nous verrons à la fin de cet ouvrage des observations sur la composition organique des animaux qui viendront à l'appui de la théorie nouvelle que l'on pourrait déduire de mes observations, et qui tendraient à faire considérer le tissu organique comme formé par la réunion d'une immense quantité de vésicules celluleuses ou tubuleuses dont les parois sont en contact, et qui tiennent les unes aux autres par une simple force d'adhésion ou d'agglutination.

SECTION II.

OBSERVATIONS SUR LES MOUVEMENTS DE LA SENSITIVE
(*mimosa pudica*).

Depuis long-temps les mouvements de la sensitive attirent les regards des curieux, et sont devenus l'objet de l'étude des savants. On a fait sur cette plante beaucoup d'observations et d'expériences, sans parvenir à connaître la cause des mouvements singuliers qu'on lui voit exécuter. On connaît les travaux de Duhamel et Dufay sur cet objet [1]. Les expériences de ces deux savants sont nombreuses et intéressantes; cependant elles laissent beaucoup à désirer. On ignore encore quel est, chez la sensitive, le tissu organique auquel appartient la faculté que l'on nomme l'*irritabilité végétale;* faculté que les physiologistes n'ont point encore distinguée de la *sensibilité* chez les végétaux : pour parler le langage que j'ai adopté, je dirai que l'on ignore si la *nervi-motilité* et la *locomotilité* ont une existence à part chez la sensitive. On ignore si des organes, si des tissus particuliers sont affectés à l'exercice de chacune de ces deux facultés de mouvement; on ignore, enfin, quelle est la nature de ce mouvement organique et intérieur auquel est due la locomotion végé-

[1] *Mémoires de l'académie royale des sciences,* 1756.

tale. Comment serait-on parvenu à la solution de ces problèmes sans la connaissance de l'anatomie de la plante qui les présente? C'est cette anatomie, que nous avons présentée dans la section précédente, qui va guider nos recherches. Elle nous a appris que la sensitive possède un appareil nerveux très développé, spécialement dans les feuilles et dans les bourrelets qui sont situés dans leurs articulations. Cet appareil nerveux, siége de la nervimotilité de la plante est-il aussi le siége de la locomotilité? L'expérience va nous apprendre ce que nous devons penser à cet égard.

Les mouvements de déplacement qu'offrent les parties des végétaux ne s'exécutent point exactement comme les mouvements de déplacement des membres des animaux articulés. Chez ces derniers, il y a des articulations mobiles, et les organes du mouvement, les muscles, sont plus ou moins éloignés de ces articulations. Chez les végétaux, il n'y a jamais d'articulations mobiles; leur locomotion s'opère toujours au moyen de l'inflexion de parties douées d'une souplesse et d'une mollesse remarquables; ici les organes du mouvement sont dans le lieu même où la flexion s'opère; le tissu organique éprouve dans cet endroit un mouvement intérieur qui détermine la flexion ou le redressement de la partie. C'est de cette manière que se meuvent également les membres de certains animaux inarticulés, tels que les mollusques céphalopodes, les hydres, etc. On ne doute point que chez ces derniers le mouvement ne soit dû à l'action musculaire; mais en est-il de même chez les végétaux? L'anatomie ne nous a rien fait voir chez la sensitive que nous puissions comparer à des muscles. Étudions donc la manière dont s'opèrent les mouvements de déplacement dans les feuilles de cette plante. On sait qu'au moindre attouchement, à la moindre secousse, ces feuilles se ploient avec rapidité; cette plicature s'opère de la manière suivante. Les folioles se ploient par paires en se joignant par leurs faces supérieures; par ce mouvement, elles se rapprochent de leur axe commun qui est la pinnule; les pinnules se ploient en se rapprochant également de leur axe commun, qui est le pétiole, au sommet duquel elles sont implantées par paires; le pétiole se ploie en s'éloignant de la tige sur laquelle il est implanté. Ce mouvement d'éloignement du pétiole est si étendu que ce dernier s'incline vers la terre en se rapprochant de la partie de la tige qui est située au-dessous de son insertion; ainsi le mouvement du pétiole s'opère en sens inverse de celui des pinnules et des folioles. Ces deux dernières se rapprochent de la partie supérieure de l'axe duquel elles émanent; le pétiole, au contraire, s'éloigne de la partie de la tige qui lui est supérieure, et se rapproche de la partie de cette même tige qui lui est inférieure. Tous ces mouvements s'opèrent au moyen de la flexion de certains bourrelets alongés qui sont situés à la base de ces parties mobiles. Le bourrelet du pétiole présente seul une grosseur suffisante pour qu'il soit possible de le soumettre à l'expérience. Ce bourrelet, lorsque la feuille est redressée, est disposé comme on le voit en *ab* (figure 18); on voit en *cd* la forme qu'il prend lorsque le pétiole est fléchi et la feuille inclinée vers la terre. Droit dans le premier cas, ce bourrelet forme dans le second une courbe dont la convexité est dirigée vers le ciel : cette courbure n'est point un état d'affaissement, car elle résiste à l'effort que l'on fait pour la redresser; c'est véritablement le résultat d'une action organique des parties qui composent intérieurement le bourrelet. Nous avons vu plus haut que ce dernier est principalement composé de cellules globuleuses qui contiennent un fluide concrescible et qui sont environnées par un tissu cellulaire très délicat, dans lequel il existe une immense quantité de corpuscules nerveux; ce tissu est un développement particulier du parenchyme cortical; le centre du bourrelet est occupé par un petit faisceau de tubes. Il fallait d'abord savoir quelle est celle de ces deux parties qui est l'organe du mouvement; pour y parvenir, j'ai fait l'expérience suivante. J'ai enlevé tout le parenchyme cortical du bourrelet, en le grattant doucement avec un canif bien acéré, en sorte que le faisceau central de tubes est resté à nu. Cette opération n'a point fait mourir la feuille, dont seulement les folioles ont été pendant plusieurs jours sans se déployer. Le résultat de cette expérience a été que le pétiole a complètement perdu la faculté de se mouvoir; ce qui prouve que les tubes contenus dans le bourrelet ne sont pas les organes de son mouvement, qui m'a paru ainsi devoir résider uniquement dans le parenchyme cortical. Les deux mouvements opposés, de flexion et de redressement, que présente le bourrelet me paraissant devoir être en rapport avec les fonctions de la portion supérieure a et de la portion inférieure b (figure 18), j'enlevai, par une section longitudinale, tout le parenchyme cortical sur le côté supérieur a, de plusieurs bourrelets; je fis la même opération au côté inférieur b de plusieurs autres bourrelets. Les feuilles continuèrent à vivre et à présenter leurs phénomènes habituels, excepté seulement en ce qui concerne le mouvement du pétiole. Ce mouvement fut tout-à-fait anéanti dans les pétioles dont le bourrelet avait été dépouillé de son parenchyme cortical à son côté inférieur b; le pétiole resta constamment fléchi vers la terre et ne fit aucun effort pour se relever. Ce fait me prouva que le redressement du pétiole n'est point opéré par le côté supérieur du bourrelet; car ce côté supérieur étant resté intact n'aurait pas manqué d'opérer le redressement du pétiole. Au contraire, tous les pétioles dont le bourrelet avait été dépouillé du parenchyme cortical par son côté supérieur a ne tardèrent point à se redresser, et même ils se redressèrent beaucoup plus qu'ils ne le faisaient avant l'opération; et je remarquai qu'ils ne se fléchirent plus vers la terre pendant la nuit, comme ils le faisaient auparavant : les secousses que je leur imprimais n'avaient plus le pouvoir de déterminer cette flexion. J'employai, dans la vue de provoquer cette dernière, les moyens que je savais être les plus énergiques; telle est, par exemple, l'ustion légère des folioles. Ce moyen produisit une légère *hésitation* de flexion sur quelques uns de mes pétioles et laissa les autres complètement immobiles. Je m'aperçus que cette différence de résultat tenait à ce que, dans les premiers, le côté supérieur du bourrelet n'avait pas été enlevé exactement jusqu'à la moitié de ce dernier : j'achevai cet enlèvement, et alors les pétioles demeurèrent immobiles dans leur état de redressement. Le fait du redressement du pétiole après l'ablation du parenchyme cortical au côté supérieur du bourrelet, me prouva de nouveau que ce redressement n'est point dû à l'action de ce côté supérieur; il me prouva en même temps qu'il est dû à l'action du côté inférieur. Ainsi c'est l'action organique de la moitié supérieure a du bourrelet, considéré comme fendu longitudinalement, qui opère seule la flexion du pétiole; et c'est l'action organique de la moitié inférieure b qui opère seule son redressement. Dans la dernière expérience, le redressement fut plus considérable qu'il ne l'est dans l'état naturel, parceque l'action redressante du côté inférieur n'était plus contre-balancée par l'action fléchissante du côté supérieur. Quelques jours après cette dernière expérience les feuilles qui y étaient soumises fléchirent leurs pétioles vers la terre, tandis que les autres feuilles de la plante conservaient leur état de redressement. Ce fait était en contradiction avec mes expériences précédentes; j'en recherchai la cause, et soupçonnant que la plante n'avait pas assez d'eau, je l'arrosai; bientôt après les pétioles abattus se redressèrent. Ce fait me prouva que la flexion de ces pétioles n'était point due, dans ce cas, à une action vitale, mais qu'elle était seulement le résultat de l'affaissement des cellules par le manque d'eau. L'afflux de la sève dans les cellules occasiona le redressement du pétiole, qui ne se fléchit plus, moyennant que j'eus soin d'arroser suffisamment la plante. Ce dernier fait me prouva que l'action organique par laquelle le côté inférieur b redresse le pétiole ne peut avoir lieu qu'à l'aide d'une sève abondante, et cela me donna lieu de penser qu'il en était de même de l'action organique par laquelle le côté supérieur d opérait la flexion du pétiole. Je voulus toutefois m'en assurer par l'expérience. Pour cela, je retranchai le côté inférieur b aux pétioles des trois dernières feuilles d'une tige fort alongée, puis ayant courbé cette tige de sorte que son sommet était dirigé vers la terre, je la fixai dans cette position; de cette manière, le côté supérieur a, qui restait seul à chaque pétiole, regardait la terre; il était devenu inférieur. Le premier jour le poids de la feuille l'entraîna un peu vers la terre, mais dès le second jour la feuille et son pétiole se portèrent vers le ciel par le moyen de la courbure du côté a, qui, dans cette expérience, était devenu inférieur. Cette position ne varia point pendant la nuit, et les irritants extérieurs appliqués aux folioles ne la firent point varier non plus. Cet état de redressement constant, ou plutôt de flexion ascendante, dura pendant quinze jours. Je n'avais point arrosé la plante pendant cet espace de temps, et je l'avais tenue à l'ombre pour éviter que ses feuilles, trop peu fournies de sève, ne fussent desséchées par les rayons du soleil. Je vis alors les pétioles s'incliner vers la terre par la cessation de la courbure du côté *a* du bourrelet ; les autres feuilles de la plante avaient perdu la plus grande partie de leur motilité : lorsqu'on les frappait vivement avec le doigt, les folioles se ployaient imparfaitement et le pétiole demeurait immobile. Alors j'arrosai la plante, et quelques heures après je vis les pétioles inclinés se porter de nouveau vers le ciel, par le rétablissement de la courbure du côté *a*, dont la convexité regardait la terre, par l'effet du renversement de la tige. Cette expérience me prouva deux choses, 1° que la courbure du côté supérieur *a* est le résultat d'une action organique ; 2° que cette action organique perd de son énergie lorsque l'abondance de la sève est diminuée, et qu'elle récupère cette énergie par le retour d'une sève abondante. Il résulte en outre de ces expériences que les deux côtés *a* et *b* du bourrelet présentent le même phénomène, mais en sens inverse : le côté *a*, par son action organique prédominante, fléchit le pétiole vers la terre, et le côté *b*, par son action organique à son tour prédominante, relève le pétiole vers le ciel. Dans l'expérience précédente, nous avons vu que le manque d'une sève suffisamment abondante avait occasioné l'extrême diminution de la motilité des feuilles de la sensitive; cette observation achève de prouver le rôle important que joue la sève abondante dans la production des mouvements de cette plante.

J'ai dit, dans la section précédente, que pour voir l'organisation intérieure du bourrelet je le divisais en tranches minces. Cette opération m'a fait apercevoir un nouveau phénomène. En plongeant ces tranches dans l'eau, on ne tarde point à les voir se ployer en cercle. Si ces tranches sont enlevées sur le côté supérieur a, leur concavité occupe toujours la partie qui regardait le centre ou l'axe du bourrelet ; il en est de même si les tranches sont enlevées sur le côté inférieur b ; en sorte que le bourrelet se trouve ainsi composé de deux ressorts antagonistes, et qui tendent à se courber en sens inverses : le ressort inférieur b redresse le pétiole, et le ressort supérieur a le fléchit. L'action de ces ressorts ne se manifeste d'une manière bien sensible dans les tranches enlevées aux bourrelets que lorsqu'on plonge ces tranches dans l'eau, qui joue certainement un rôle important dans le développement de cette force élastique. En effet, nous avons vu que, dans l'état naturel, c'est la présence d'une sève abondante qui donne l'énergie à ces ressorts. Ceci pourrait faire penser que leur force élastique dépendrait d'une sorte de turgescence des cellules gonflées par l'abondance du liquide ; mais comment concevoir une turgescence qui courberait et qui redresserait alternativement le même organe ? Il faudrait donc admettre que le liquide se porterait avec excès, tantôt vers le côté supérieur du bourrelet, tantôt vers son côté inférieur. Il faudrait également admettre que dans les tranches minces du bourrelet, lesquelles se courbent en cercle, le liquide remplirait avec excès les cellules du côté convexe, et se porterait avec moins d'abondance dans les cellules du côté concave. Ces explications, purement hypothétiques, seraient nulles pour la science. Nous n'apercevons ici qu'un seul fait, c'est l'existence d'une force élastique qui diminue ou qui même cesse d'exister par l'absence d'une quantité suffisante d'eau, et qui, suivant certaines circonstances, tantôt courbe le bourrelet vers la terre, tantôt le redresse vers le ciel. Le résultat de cette force élastique est une courbure du tissu organique dans un sens déterminé ; je donnerai à ce phénomène le nom d'*incurvation*. Les côtés supérieur et inférieur du bourrelet tendent à s'*incurver* dans des sens inverses ; cette incurvation se manifeste dans toutes les tranches, quelque minces qu'elles soient, dans lesquelles ces côtés peuvent être mécaniquement divisés ; elle cesse tout-à-coup d'avoir lieu par l'immersion des tranches courbées dans un fluide qui anéantit la vie, tel qu'un acide ou une solution alkaline. Le contact de ces substances fait à l'instant cesser la courbure : les tranches deviennent droites, et ne sont plus susceptibles de se courber de nouveau ; ainsi cette *incurvation élastique* est un phénomène vital.

Les deux ressorts vitaux dont l'antagonisme opère alternativement le redressement et la flexion du pétiole sont en rapport, sous le point de vue de leur action, avec des causes occasionelles différentes. L'incurvation du ressort supérieur a est déterminée par la plupart des causes extérieures qui agissent sur la plante entière, ou seulement sur l'une de ses parties; telles sont principalement les secousses, l'action subite du froid ou d'une trop forte chaleur, l'action des substances caustiques, etc. Alors le ressort inférieur b éprouve une incurvation qui s'effectue dans un sens opposé à celui dans lequel son incurvation naturelle tend à s'opérer ; c'est le résultat d'une augmentation momentanée et d'une prédominance dans la force du ressort supérieur a. L'incurvation naturelle du ressort inférieur b se manifeste à son tour d'une manière prédominante, par le seul effet de l'absence des causes occasionelles qui avaient déterminé l'incurvation du ressort supérieur, c'est-à-dire par le repos. L'influence de la lumière détermine également cette prédominance du ressort inférieur ; aussi la perd-il et le ressort supérieur devient-il prédominant par le seul fait de l'absence de cet agent; c'est pour cela que les feuilles se ploient le soir.

Jusqu'ici nous avons considéré le bourrelet de la sensitive comme composé seulement de deux ressorts antagonistes, l'un supérieur a, qui fléchit le pétiole, et l'autre inférieur b qui le redresse. Ces mouvements sont en effet, dans l'état naturel, les seuls qu'exerce le bourrelet, mais on peut lui en faire exécuter d'autres : ainsi, si l'on ploie une tige de manière à déranger la direction naturelle des feuilles vers la lumière, on voit cette direction se rétablir bientôt, et cela s'opère souvent par l'inflexion latérale du bourrelet; il y a donc aussi des ressorts latéraux. Effectivement, si l'on enlève des tranches minces sur les parties latérales du bourrelet, ces tranches plongées dans l'eau se courbent en cercle, de la même manière que cela arrive aux tranches enlevées aux côtés supérieur et inférieur; en un mot, quelle que soit la partie du bourrelet sur laquelle on enlève une tranche, celle-ci jouit toujours de la propriété d'affecter, lorsqu'on la plonge dans l'eau, une courbe dont la concavité regarde l'axe du bourrelet. Ainsi, le bourrelet du pétiole est organisé pour se mouvoir dans tous les sens; cependant il ne se meut ordinairement que dans deux sens seulement, celui de la flexion, qui est une *abduction* du pétiole, et celui du redressement, qui est une *adduction* de ce même pétiole. Or il est fort remarquable que dans le même moment, et sous l'influence d'une même cause, les folioles et les pinnules se meuvent dans des sens opposés à celui du pétiole. En effet, lorsqu'on provoque les mouvements d'une feuille de sensitive, les folioles et les pinnules se meuvent dans le sens de l'*adduction*, elles se rapprochent de la partie supérieure de l'axe commun qui les porte; le pétiole, au contraire, se meut dans le sens de l'*abduction*, il s'éloigne de la partie supérieure de la tige sur laquelle il est implanté, et ce mouvement d'abduction est tellement étendu, que le pétiole se rapproche de la partie de la tige qui lui est inférieure. Ces organes étant abandonnés à eux-mêmes, ne tardent point à se mouvoir spontanément dans des sens opposés à celui de leur mouvement provoqué, c'est-à-dire les folioles et les pinnules dans le sens de l'abduction, et le pétiole dans le sens de l'adduction.

Nous venons de voir que c'est dans une incurvation vitale, et qui s'exerce dans des sens alternativement opposés, sous l'influence de certaines causes extérieures, que consiste l'*irritabilité* de la sensitive. Si actuellement nous jetons les yeux sur les autres plantes chez lesquelles on observe cette *irritabilité*, nous voyons partout le même phénomène, c'est-à-dire une incurvation vitale du tissu organique. L'*hedisarum girans* nous montre dans les pétioles de ses feuilles, sans cesse oscillantes, une *incurvation oscillatoire*, c'est-à-dire qui s'exerce dans des sens alternativement opposés. Les étamines du *cactus opuntia* et du *berberis vulgaris* offrent de même, lorsqu'on les touche, un simple phénomène d'incurvation dans un sens déterminé et suivi de redressement quelque temps après que la cause occasionelle de l'incurvation a cessé d'agir : il en est de même des feuilles de la dionée (*dionea muscipula*). Dans toutes ces circonstances l'incurvation ne s'effectue que dans un sens ; il n'y a qu'une seule courbure qui alterne avec un état de redressement ou avec une courbure dans un sens opposé; mais il est quelques cas où cette incurvation oscillatoire s'effectue dans plusieurs sens différents, tel est, par exemple, le phénomène que présente une plante du genre *ypomœa*, observée aux Antilles par M. Turpin, plante encore inédite, qu'il désigne sous le nom d'*ypomœa sensitiva*. Le tissu membraneux de la corolle campanulée de cette plante est soutenu par des *filets* ou par des *nervures* qui, au moindre attouchement, se plissent ou s'in-

curvent sinueusement, de manière à entraîner le tissu membraneux de la corolle, laquelle, de cette manière, se ferme complètement; elle ne tarde point à s'ouvrir de nouveau lorsque la cause qui avait déterminé sa plicature a cessé d'agir. Ce phénomène, dont l'observation appartient à M. Turpin, n'est point, au reste, essentiellement différent de celui que présente la corolle des *convolvulus* dont le genre *ypomœa* est très voisin. C'est, en effet, par le même mécanisme que la corolle de ces plantes se ferme le soir et s'ouvre le matin; c'est encore par le même mécanisme que s'ouvre et se ferme la corolle des nyctaginées. Il n'y a de particulier dans l'*ypomœa sensitiva* que la propriété que possède sa corolle de se fermer sous l'influence des agents mécaniques. Ces diverses observations prouvent que l'incurvation oscillatoire des végétaux est tantôt *simple* ou à courbure unique, et tantôt *sinueuse* ou à courbures multipliées.

Outre l'*incurvation oscillatoire*, il y a chez les végétaux une *incurvation fixe*, c'est-à-dire une incurvation qui n'alterne point avec un état de redressement. Ce second phénomène est beaucoup plus commun que le premier, dont il ne diffère pas essentiellement. L'ovaire de la balsamine en offre un exemple très remarquable. A l'époque de la maturité, les valves de cet ovaire se séparent les unes des autres, et se roulent en spirale. Avant leur séparation elles se pressaient mutuellement par leur force élastique, ou par leur tendance à l'incurvation. Les vrilles et les tiges grimpantes qui se roulent en spirale autour de leurs appuis offrent de même un phénomène d'incurvation fixe. Ainsi on peut établir en thèse générale que la locomotilité végétale consiste dans une tendance à l'incurvation *fixe* ou *oscillatoire*. Je ne chercherai point ici à déterminer la cause de ce phénomène de la vie végétale. Ce serait d'ailleurs en vain que l'on essaierait de le faire avec les seules notions que nous avons acquises jusqu'ici. On ne peut expliquer les phénomènes de la nature que par un rapprochement de faits ; or, le fait de l'incurvation vitale est encore pour nous un phénomène isolé. Ce ne sera que dans l'étude des animaux que nous trouverons de nouveaux faits du même genre, à l'aide desquels nous pourrons tenter l'explication de ce phénomène. Je me contenterai donc de prouver ici que l'incurvation végétale est un résultat de l'action nerveuse mise en jeu par les agents du dehors.

Les chocs ou les secousses sont les moyens les plus généralement employés par les curieux pour provoquer les mouvements de la sensitive. Lorsqu'une feuille se ploie sous l'influence d'un choc, on peut penser avec raison que cette influence s'est fait sentir directement et sans intermédiaire aux bourrelets qui exécutent le mouvement ; on en peut dire autant, lorsqu'une secousse imprimée à la plante entière détermine la plicature de toutes les feuilles. Ainsi ces expériences laissent douter s'il existe un mouvement nerveux antérieur au mouvement de flexion des bourrelets ; elles ne permettent pas de distinguer la *nervimotilité* de la *locomotilité*. Il n'en est pas ainsi lorsqu'on sollicite les mouvements de la sensitive par des agents dont l'influence ne s'exerce que sur une partie déterminée, qui est plus ou moins éloignée des bourrelets ou des organes locomoteurs. Les mouvements qu'exécutent alors ces organes prouvent bien évidemment que leur action est la suite d'un mouvement nerveux, et que par conséquent la nervimotilité et la locomotilité existent d'une manière distincte chez la sensitive. Ainsi, lorsqu'on brûle une seule foliole avec les rayons du soleil rassemblés par une lentille, ou avec une flamme légère, on voit à l'instant cette foliole se ployer avec son opposée ; les folioles voisines se ploient ensuite, et le mouvement se communique ainsi de proche en proche et de haut en bas jusqu'à la base de la pinnule qui porte ces folioles : les autres pinnules se ploient, et ensuite on voit le mouvement se communiquer de même de proche en proche et de bas en haut aux folioles qu'elles supportent. Pendant que cela s'exécute, et après un certain intervalle de temps, on voit le pétiole se fléchir. Ce n'est pas tout, les autres feuilles qui garnissent la tige au-dessus et au-dessous de la feuille qui a été brûlée se mettent aussi en mouvement les unes après les autres, et l'on voit la plicature de leurs pinnules et de leurs folioles succéder à la flexion de leur pétiole. Il est impossible de ne pas reconnaître qu'il existe ici un mouvement invisible qui se transmet de proche en proche. Il existe donc un phénomène vital antérieur à la locomotion, et postérieur à l'influence de la cause extérieure. Ce phénomène est la *nervi-*

motion; mouvement vital invisible par lui-même, appréciable seulement par ses effets; mouvement dont on peut suivre et calculer la marche; mouvement, enfin, qui détermine la locomotion végétale, lorsqu'il parvient aux parties qui, en vertu de leur organisation, possèdent cette faculté de mouvement. La nervimotion paraît être un mouvement vital *passif*, c'est-à-dire communiqué par les agents nervimoteurs; ce premier mouvement vital est la cause immédiate du mouvement vital secondaire ou de la locomotion qui opère le déplacement des parties. Ce mouvement vital secondaire, dépendant immédiatement d'une cause intérieure et vitale, est par cette raison nommé *spontané*.

La faculté locomotrice n'appartient qu'aux bourrelets des feuilles chez la sensitive; toutes les autres parties de cette plante sont étrangères à cette faculté vitale; il n'en est pas de même de la nervimotilité; cette dernière existe dans toutes les parties de la plante. Aussi avons-nous vu que toutes possèdent des organes nerveux en quantité plus ou moins considérable. Ainsi, si l'on dirige un verre ardent sur les fleurs de la sensitive, il ne se manifeste à l'extérieur aucun mouvement dans ces fleurs ni dans leur long pédoncule commun; cependant la nervimotion y est produite, car quelques instants après on voit les feuilles de la tige se ployer les unes après les autres. Le même phénomène a lieu lorsqu'on agit sur les fleurs non encore développées et en bouton. Une chaleur un peu vive appliquée par le même moyen à l'écorce de la tige produit les mêmes mouvements dans les feuilles de cette tige. Lorsqu'une feuille est complètement ployée, et qu'il n'est plus possible de provoquer chez elle aucun mouvement appréciable, elle ne laisse pas cependant d'être encore susceptible de nervimotion, car l'ustion de ses folioles provoque la plicature des autres feuilles de la tige à laquelle elle appartient. Ces faits prouvent que la nervimotilité appartient à toutes les parties de la plante, et qu'elle est très distincte de la locomotilité. Ici une question fort importante se présente : nous voyons que la nervimotion produite dans une partie quelconque de la plante se transmet de proche en proche aux autres parties. Ce mouvement invisible se transmet-il par tous les organes intérieurs du végétal, ou bien y a-t-il des organes spécialement affectés à cette transmission? Pour arriver à la solution de cette question, j'ai fait des expériences assez nombreuses, et la plupart fort délicates : je vais les exposer. J'enlevai un anneau d'écorce sur une tige; les feuilles, comme on le pense bien, se ployèrent toutes par l'effet de leur agitation pendant cette opération; mais elles ne tardèrent pas à reprendre leur position de déploiement. Alors je brûlai légèrement quelques folioles de la feuille située au-dessus de la décortication annulaire. Cette feuille se ploya, et quelques instants après les autres feuilles situées au-dessous de l'endroit décortiqué se ployèrent tour à tour. Je répétai cette expérience, en brûlant les folioles de la feuille située au-dessous de l'endroit décortiqué. Les feuilles situées au-dessus de cet endroit ne tardèrent point à se ployer. Ces expériences me prouvèrent que la nervimotion se transmet également bien en montant et en descendant, malgré l'enlèvement de l'écorce.

Après avoir enlevé un anneau d'écorce, j'ouvris latéralement le canal médullaire, et j'enlevai toute la moelle ; après cette préparation et le repos nécessaire, je brûlai quelques folioles de la feuille située au-dessus du lieu de l'opération. Les feuilles subjacentes ne tardèrent pas à se ployer. Cette expérience me prouva que la nervimotion se transmet malgré l'enlèvement simultané de l'écorce et de la moelle. Les parties de la plante situées au-dessus et au-dessous du lieu de l'opération ne communiquaient plus ici que par la partie ligneuse du système central.

Je voulus savoir si la moelle seule était susceptible de transmettre la nervimotion. A cet effet, je choisis l'un des derniers articles d'une tige dont la moelle était encore verte et pleine de sève ; j'enlevai tout le tissu végétal jusqu'à la moelle sur trois de ses côtés avec un instrument bien tranchant ; ensuite je fortifiai la tige, affaiblie par cette opération, au moyen d'une petite attelle de bois que j'attachai avec du fil au-dessus et au-dessous du lieu de l'opération. Cela fait, j'enlevai le tissu végétal jusqu'à la moelle sur le côté de la tige qui était resté intact. Je m'assurai que la moelle était parfaitement à nu dans tout son pourtour en l'examinant à la loupe. J'enveloppai la plaie avec du coton imbibé d'eau, afin d'empêcher que la moelle ne se desséchât, et j'attendis que les feuilles situées au-dessous du lieu de l'opération se fussent déployées, car la feuille située au-dessus ne se déploya point. Je brûlai légèrement cette dernière, sachant, par mes expériences précédentes, que la feuille dans l'état de plicature est tout aussi susceptible de nervimotion que dans l'état de déploiement. Les feuilles, situées au-dessous du lieu de l'opération, n'éprouvèrent aucun mouvement, quelque forte que fût l'ustion de la feuille supérieure. Cette expérience me prouva que la moelle ne transmet point du tout la nervimotion.

Il me restait à savoir si l'écorce était susceptible de transmettre ce mouvement. Je préparai donc une tige de manière que sa partie supérieure ne communiquait avec sa partie inférieure que par un lambeau d'écorce, qui n'était guère que le tiers de l'écorce entière. Cette opération fut faite avec assez de légèreté pour que les feuilles de la partie inférieure de la tige soumise à l'expérience ne se ployassent point, en sorte qu'il me fut possible de faire cette expérience immédiatement après l'opération. Ayant donc brûlé les feuilles de la partie supérieure de la tige, celles de la partie inférieure ne se ployèrent point, ce qui me prouva que l'écorce ne transmet point la nervimotion. Dans un essai tenté antérieurement, j'avais obtenu un résultat opposé, lequel m'avait fait penser que l'écorce était susceptible de transmettre la nervimotion. Mais, ayant répété plusieurs fois cette expérience avec beaucoup de soin, je me suis pleinement convaincu que l'écorce ne jouissait point du tout de cette faculté, et que si quelquefois elle paraissait transmettre la nervimotion, cela provenait de ce qu'en détachant l'écorce, j'avais entraîné avec elle quelques filets ligneux du système central. C'était par ces filets que la nervimotion se transmettait dans ces expériences trompeuses.

Il était important de savoir si le tissu cellulaire rempli de corpuscules nerveux, qui forme la majeure partie des bourrelets, était susceptible de transmettre la nervimotion. Pour faire cette expérience, il s'agissait de laisser une portion de ce tissu cellulaire subsister seule, en enlevant complètement le faisceau de tubes qui occupe le centre du bourrelet. Cette opération est extrêmement délicate ; je vins cependant à bout de l'exécuter, et j'eus une feuille qui ne communiquait plus avec la tige que par le moyen d'une portion du tissu cellulaire de son bourrelet pétiolaire. Je brûlai les folioles de cette feuille ; mais les autres feuilles de la tige restèrent parfaitement immobiles, ce qui me prouva que le tissu cellulaire rempli d'organes nerveux, qui constitue essentiellement le bourrelet, ne transmet point du tout la nervimotion. Je fis une contre-épreuve : j'enlevai tout le tissu cellulaire du bourrelet, et je ne laissai subsister que le très petit faisceau de tubes qui en occupe le centre, en sorte que la feuille ne communiquait plus avec la tige que par ce petit faisceau. Je brûlai ses folioles, et bientôt après les autres feuilles de la tige se ployèrent.

Il résulte de ces expériences, que la moelle, l'écorce, et le tissu cellulaire rempli de corpuscules nerveux, qui constitue le bourrelet, sont également incapables de transmettre la nervimotion, et que ce mouvement invisible est exclusivement transmis par la portion ligneuse du système central. L'anatomie que nous avons présentée plus haut, de toutes les parties de la sensitive nous met à même de rechercher les causes de cette différence qui existe entre les facultés des diverses parties de la plante. La moelle est entièrement composée de tissu cellulaire qui contient des corpuscules nerveux. Comme elle ne transmet point la nervimotion, cela prouve, 1° que ce mouvement n'est point transmis par le tissu cellulaire, 2° qu'il ne se propage point non plus par le moyen des corpuscules nerveux que contient ce tissu cellulaire. Cette inaptitude des corpuscules nerveux à transmettre la nervimotion est encore démontrée d'une manière plus évidente par le tissu cellulaire corpusculifère du bourrelet. Ici les corpuscules nerveux sont extrêmement nombreux; cependant ce tissu cellulaire corpusculifère ne transmet point la nervimotion. Nous sommes donc forcés de reconnaître que les corpuscules nerveux, qui sont, dans ma manière de voir, les agents de la puissance nerveuse, ne sont cependant point les organes de la transmission de cette puissance.

Il nous reste à comparer l'organisation du système cortical qui ne transmet point la nervimotion avec l'organisation de la partie du système central qui transmet ce mouvement. L'écorce est exclusivement composée de clostres et de tissu cellulaire articulé corpusculifère. La partie ligneuse du système central contient des trachées, des tubes corpusculifères, des clostres et du tissu cellulaire articulé corpusculifère. L'inaptitude des clostres et du tissu cellulaire articulé corpusculifère à transmettre la nervimotion dans le système cortical doit nous porter à refuser cette fonction à ces mêmes organes dans le système central. Il ne nous reste donc, dans ce dernier système, que les trachées et les tubes corpusculifères, auxquels, par voie d'exclusion, nous puissions attribuer la faculté de transmettre la nervimotion. Mais l'expérience prouve que cette transmission s'opère sans le concours des trachées. En effet, j'ai vu qu'en laissant subsister le plus petit filet de la partie extérieure du système central comme seul moyen de communication entre les deux parties d'une tige, cela suffisait pour transmettre la nervimotion de l'une à l'autre. Or les trachées occupent exclusivement l'étui médullaire : elles sont donc, dans cette expérience, étrangères à la transmission de la nervimotion. Il ne reste donc, en définitive, que les tubes corpusculifères auxquels nous puissions attribuer cette transmission. Ces tubes, mêlés aux clostres, se trouvent en effet dans toute l'épaisseur de la couche ligneuse. Ici l'on peut se demander si c'est par le moyen de la sève qu'ils conduisent, ou par le moyen des corpuscules nerveux qui sont placés dans leurs parois, que ces tubes transmettent la nervimotion. Nous avons constaté plus haut l'inaptitude des corpuscules nerveux pour opérer cette transmission, il reste donc démontré qu'elle s'opère par l'intermédiaire de la sève. Cette conclusion est mise hors de doute par les observations suivantes. Il est certain que les parties qui conduisent la sève sont les seules qui conduisent également la nervimotion. Lorsque deux portions de tige ne communiquent plus entre elles que par le moyen de la moelle ou par le moyen de la seule écorce, la portion supérieure ne tarde point à se flétrir et à mourir, parceque la moelle et l'écorce ne transmettent point la sève d'une portion à l'autre. Elles ne transmettent point non plus la nervimotion. Lorsqu'une feuille de sensitive ne communique plus avec la tige que par le moyen du tissu cellulaire du bourrelet de son pétiole, elle se fane promptement, parceque ce tissu cellulaire ne transmet point la sève; il ne transmet point non plus la nervimotion. Lorsqu'au contraire une feuille ne communique plus avec la tige que par le moyen du petit faisceau de tubes qui occupe le centre du bourrelet du pétiole, ce petit faisceau de tubes continue à nourrir la feuille ; en lui transmettant la sève, il transmet également la nervimotion. Toutes les portions du système central qui contiennent des tubes propres à transmettre la sève, sont également propres à transmettre la nervimotion. En un mot, nous voyons toujours la transmission de la sève liée d'une manière exclusive et inséparable à la transmission de la nervimotion; il n'y a donc pas de doute que la transmission de la puissance nerveuse, chez la sensitive, ne s'opère par l'intermédiaire du liquide séveux. Les corpuscules nerveux sont étrangers à cette transmission, bien qu'ils soient les organes producteurs de cette puissance, au moyen de l'influence des agents nervimoteurs.

La nervimotilité n'appartient pas exclusivement aux diverses parties de la tige de la sensitive, on l'observe aussi dans les racines de cette plante; l'expérience qui prouve cette assertion appartient à l'illustre Desfontaines, et je l'ai répétée. Si l'on arrose les racines de la sensitive avec de l'acide sulfurique, on ne tarde point à voir les feuilles de la tige se ployer les unes après les autres; celles qui sont les plus voisines de la racine se ploient les premières; les feuilles qui occupent les extrémités des rameaux se ploient les dernières. Il y a évidemment, dans ce phénomène, une transmission de la nervimotion qui provoque la plicature des feuilles à mesure qu'elle parvient jusqu'à elles, et qui tire son origine de l'action exercée sur les racines par l'acide qui les baigne. Je n'avais versé de l'acide que dans un seul endroit sur les racines de ma sensitive. Lorsque je vis toutes les feuilles ployées, j'enlevai, en les cernant avec un couteau, toutes les racines offensées, ainsi que la terre imprégnée d'acide : la plante, quelques heures après, redressa ses pétioles, mais elle ne déploya ses folioles que le lendemain; cette opération ne la fit point mourir.

La transmission de la puissance nerveuse ou la nervimotion s'opère avec assez de lenteur chez la sensitive. Il s'écoule en effet un temps assez considérable entre le moment où l'on brûle légèrement une foliole avec un verre ardent, et celui où la nervimotion produite par cette action parvient aux autres folioles, aux pinnules, au bourrelet du pétiole, et enfin aux autres feuilles de la tige. Il me parut donc qu'il n'était point impossible de mesurer le temps qui s'écoulait entre ces diverses actions, et de comparer les espaces parcourus par la nervimotion avec les temps employés à parcourir ces espaces. Il était important de savoir si les variations de la température influaient sur la vitesse de la transmission de ce mouvement intérieur. J'ai fait dans cette vue un grand nombre d'expériences; voici la méthode que j'employais : je brûlais légèrement les folioles terminales de l'une des pinnules d'une feuille, soit avec un verre ardent, soit avec une flamme légère. A l'instant les folioles commençaient à se ployer par paires les unes après les autres. Je tenais près de mon oreille une montre dont le balancier effectuait ses oscillations, composées chacune de deux battements, dans une demi-seconde; je comptais le nombre de ses oscillations, à partir du moment de l'ustion jusqu'à celui où les pinnules opéraient leur flexion; je mesurais de la même manière le temps qui s'écoulait jusqu'au moment de la flexion du pétiole; j'appliquais ensuite la même mesure au temps qui s'écoulait jusqu'au moment de la flexion successive des pétioles des autres feuilles de la tige. Cette première partie de l'observation étant faite, je mesurais la longueur de la pinnule, celle du pétiole, et celle des articles de la tige intermédiaires aux feuilles dont les pétioles s'étaient fléchis. De cette manière il m'était facile de comparer les espaces parcourus par la nervimotion avec les temps employés pour les parcourir. J'ai fait cette expérience la température de l'atmosphère étant à 10, à 13, à 15, à 18, à 20 et à 25 degrés de chaleur au thermomètre de Réaumur. Voici les résultats généraux que j'ai obtenus : la progression de la nervimotion est toujours beaucoup plus rapide dans les pinnules et dans les pétioles qu'elle ne l'est dans les articles de la tige. La vitesse ordinaire de ce mouvement dans les pétioles est de huit à quinze millimètres par seconde, tandis que dans les articles de la tige ce même mouvement n'excède pas deux à trois millimètres par seconde, et souvent est encore plus lent. La température de l'atmosphère ne m'a paru exercer aucune influence sur la vitesse de ce mouvement; car j'ai obtenu des résultats peu différents les uns des autres aux divers degrés de température dont je viens de faire mention. Les variations que j'ai obtenues dans ces résultats ont été purement accidentelles, et sans aucun rapport fixe avec les variations de la température extérieure; seulement j'ai observé que, lorsque la température était à + dix degrés, la nervimotion provoquée par l'ustion se transmettait à une distance moindre que celle à laquelle elle parvenait lorsque la température était plus élevée.

Nous venons de voir que la nervimotion a constamment une vitesse plus considérable dans les pétioles que dans la tige, lorsque ce mouvement provoqué dans les folioles traverse le pétiole en descendant pour gagner le corps de la tige. J'ai observé que le même phénomène a lieu lorsque la nervimotion provoquée dans la tige par l'ustion de son écorce arrive aux pétioles et les traverse en remontant pour gagner les pinnules et les folioles. Voici comment je faisais cette expérience : après avoir brûlé vivement l'écorce de la tige avec un verre ardent, je ne tardais pas à voir les feuilles les plus voisines fléchir leur pétiole. Bientôt après, les pinnules et les folioles de ces feuilles se ployaient à leur tour ; je mesurais le temps qui s'écoulait entre le moment de la flexion du pétiole et le moment de la flexion des pinnules ; puis je comparais le temps écoulé avec la longueur du pétiole. J'ai trouvé, de cette manière, que la nervimotion avait, en remontant dans le pétiole, la même vitesse que nous avons observé qu'elle avait en descendant dans ce même pétiole, c'est-à-dire que ce mouvement parcourait toujours de huit à quinze millimètres par seconde, tandis que dans le corps de la tige ce même mouvement ne parcourt que deux à trois millimètres dans le même temps. L'étude comparative que nous avons faite plus haut de la structure anatomique de ces parties ne nous apprend point du tout la cause d'une différence aussi considérable. Il me paraît donc probable que cette différence tient spécialement à la différence du diamètre des parties ; la nervimotion est plus rapide dans les pétioles, lesquels ont peu de diamètre, qu'elle ne l'est dans la tige, dont le diamètre est plus considérable. Ce mouvement nerveux ressemblerait par conséquent, sous ce point de vue, au mouvement des fluides qui, mus avec une vitesse déterminée dans un canal étroit, perdent de cette vitesse en proportion de l'élargissement du canal qui les transmet; et la reprennent de nouveau lorsque le canal se rétrécit. Cette explication du phénomène dont il s'agit devient encore plus plausible par l'observation que nous avons déjà faite, que c'est par l'intermédiaire du liquide séveux que la nervimotion se transmet.

La nervimotion provoquée par l'ustion d'une feuille se propage quelquefois jusqu'aux branches voisines de celle qui porte cette feuille, en sorte qu'on voit quelquefois se ployer des feuilles très éloignées de celle sur laquelle on fait l'expérience. Il m'a semblé que l'intensité de l'ustion influait sur l'étendue de la propagation de la nervimotion; ce mouvement ne s'étendait qu'à peu de distance lorsque l'ustion était extrêmement légère. On sent qu'il est difficile de déterminer d'une manière certaine le degré d'intensité de l'ustion que l'on opère; cependant je pouvais juger approximativement de son intensité comparative lorsque j'employais le verre ardent; car je modérais à volonté la chaleur produite en pareil cas, en plaçant le verre de manière à ce que la feuille soumise à son action fût située plus ou moins en-deçà ou au-delà de son foyer. De cette manière on peut provoquer dans la feuille une nervimotion qui ne s'étend pas plus loin que la base de son pétiole.

La communication en ligne droite, au moyen des tubes séveux, influe beaucoup sur la promptitude de la propagation de la nervimotion. On sent que cela doit être ainsi, puisque c'est le fluide séveux qui transmet ce mouvement. Aussi ai-je observé que, lorsqu'on brûle une feuille de sensitive, il arrive souvent que la nervimotion parvient à la feuille qui est située du même côté deux articles plus bas, avant de se manifester dans la feuille située dans l'article voisin, mais du côté opposé de la tige; car on sait que les feuilles de la sensitive sont alternes.

Les feuilles de la sensitive perdent complètement leur motilité, lorsque la température de l'atmosphère se trouve à sept degrés environ au-dessus de glace, au thermomètre de Réaumur; on peut alors les brûler sans qu'il en résulte chez elles aucun phénomène de mouvement appréciable.

La lumière solaire exerce sur l'énergie de la motilité de la sensitive une influence extrêmement remarquable, et qui pourtant n'a point encore été observée. Cependant plusieurs naturalistes, et notamment MM. Duhamel, Dufay et Decandolle, ont cherché à étudier les phénomènes que présente cette plante, lorsqu'elle est plongée dans une profonde obscurité. Ces naturalistes ont toujours choisi des caves pour faire cette expérience; mais, la température de ces lieux souterrains me paraissant peu favorable au libre et plein exercice des facultés vitales de la sensitive, je résolus d'employer, pour soustraire cette plante à l'influence de la lumière, un procédé qui laissât subsister sur elle l'influence nécessaire d'une température plus élevée. A cet effet, je plaçai un pied de sensitive, planté dans un pot sous un récipient fait avec du carton fort épais. Toutes les précautions possibles avaient été prises dans la fabrication de ce récipient pour qu'aucun rayon de lumière ne pénétrât dans son intérieur. J'accumulais de la sciure de bois autour de son orifice, afin d'intercepter tout-à-fait la faible lumière qui aurait pu pénétrer par cette voie. Cet appareil fut établi dans un appartement qui, situé sous la tuile et exposé au midi, éprouvait pendant le jour une forte chaleur, qu'il conservait avec peu de diminution pendant la nuit. C'était pendant les chaleurs de l'été; le thermomètre se tint constamment, dans cet appartement, à une élévation de $+$ 20 à 25 degrés pendant mon observation. La sensitive, ainsi plongée dans une profonde obscurité sans être soustraite à l'influence de la chaleur, commença par ployer toutes ses feuilles. Vers le milieu du premier jour, elle les déploya à demi, et les ferma complètement le soir. Le lendemain au matin, je trouvai toutes les feuilles complètement déployées, et déjà leur motilité était sensiblement diminuée; elles ne se fermèrent plus d'une manière complète, et le troisième jour, je les trouvai à moitié déployées, et leurs folioles avaient perdu leur motilité; le pétiole seul avait encore la faculté de se fléchir. Je voulus voir si, dans cette diminution considérable de la motilité, la nervimotion aurait éprouvé de l'altération dans la rapidité de sa progression. Je brûlai légèrement l'une des folioles d'une feuille; la nervimotion se transmit, comme à l'ordinaire, à la base du pétiole et de là aux pétioles de deux autres feuilles de la tige. Dans cette progression, la nervimotion parcourut dix millimètres par seconde dans la pinnule de la feuille et dans son pétiole; elle parcourut deux millimètres par seconde dans la tige. La même expérience, faite sur un autre pied de sensitive qui était dans le même appartement, et qui jouissait de toute sa motilité, me donna des résultats à peu près pareils. Ainsi il me fut prouvé que la diminution de la motilité n'en apporte aucune dans la rapidité de la progression de la nervimotion. Seulement je remarquai que ce mouvement se propagea moins loin chez la sensitive dont la motilité était diminuée. Je la remis sous le récipient pour continuer mon observation. Le quatrième jour, les pétioles des feuilles se ployaient encore, mais faiblement lorsqu'on les frappait vivement; les folioles étaient immobiles: le cinquième jour, toute espèce de motilité appréciable avait disparu. L'ustion elle-même ne provoquait plus aucun mouvement dans les feuilles qui étaient à moitié ouvertes, et dont les pétioles étaient redressés. J'exposai alors cette sensitive à la lumière du soleil; les folioles tardèrent peu à se déployer complètement, et, au bout de deux heures, elles commencèrent à se mouvoir légèrement lorsqu'on les frappait. Cependant le pétiole continuait à demeurer immobile. Après deux heures et demie d'insolation, les pétioles commencèrent à manifester de la motilité; elle augmenta peu à peu, et, dans le courant de la journée suivante, la sensitive avait complètement récupéré sa motilité. Il résulte de cette expérience qu'il suffit de priver la sensitive de l'influence de la lumière pour lui faire perdre les conditions de sa motilité, et que c'est dans l'influence de cet agent qu'elle puise de nouveau ces conditions, lorsqu'elle les a perdues. J'ai voulu voir quelle était l'influence qu'exerçait la température extérieure sur ce phénomène. J'ai donc répété cette expérience de la même manière sur d'autres pieds de sensitive, car celui sur lequel cette expérience avait été faite avait un peu souffert; plusieurs de ses feuilles étaient tombées. Je plaçai donc une de ses plantes sous mon récipient; la chaleur de l'appartement était alors de + 22 degrés Réaumur, et elle monta jusqu'à 24 degrés pendant la durée de l'expérience. Au bout de quatre jours et demi d'obscurité, la sensitive avait complètement perdu sa motilité. Je fis alors, sur le phénomène du retournement des feuilles, une expérience qui sera rapportée dans l'une des sections suivantes. Dans cette seconde expérience, l'abolition de la motilité fut un peu plus rapide que dans la première; cela me parut devoir dépendre du degré de la température extérieure, qui avait été constamment de + 22 à 24 degrés, tandis que dans la première expérience cette même température avait été assez constamment de + 20 à 23 degrés; elle ne s'était élevée qu'un seul jour à 25 degrés. Pour m'assurer davantage du degré de l'influence qu'exerçait la température extérieure sur la production de ce phénomène, je fis de nouveau cette même expérience par une température qui varia de + 14 à 20 degrés. Il fallut dix jours d'obscurité à la sensitive pour lui faire perdre complètement sa motilité. Il me parut bien évident, par cette troisième expérience, qu'une température modérée retardait l'extinction de la motilité chez la sensitive, plongée dans l'obscurité; les expériences précédentes m'avaient appris que cette extinction était bien plus rapide lorsque la température était élevée. J'avais vu précédemment que l'exposition aux rayons directs du soleil rendait assez promptement les conditions de la motilité à la sensitive qui les avait perdues. Je voulus voir, dans cette circonstance, si le même effet serait produit par la lumière diffuse du jour. J'exposai donc la sensitive tirée de dessous le récipient, en plein air, derrière un bâtiment qui la garantissait des rayons directs du soleil. Le premier jour, la sensitive ne manifesta aucune motilité, mais lorsque la nuit arriva, quelques unes de ses feuilles, celles qui avaient le plus récemment atteint leur complet développement, se ployèrent, et présentèrent ainsi le phénomène du sommeil qui avait cessé d'avoir lieu sous le récipient. Le lendemain, les folioles se déployèrent, mais elles ne manifestaient aucune motilité sous l'influence des plus fortes secousses. Les vieilles feuilles avaient presque toutes perdu leurs folioles; celles qui restaient commencèrent à présenter le phénomène du sommeil le second jour. Le troisième jour, les folioles commencèrent à se mouvoir sous l'influence des chocs; les pétioles étaient encore immobiles. Le quatrième jour, les pétioles commencèrent à se mouvoir assez légèrement, et, le cinquième jour, la sensitive avait récupéré sa motilité. Ainsi il fallut cinq jours d'exposition à la lumière diffuse du jour pour rendre à la sensitive les conditions de sa motilité : nous avons vu qu'il suffisait de quelques heures d'exposition à la lumière directe du soleil pour produire le même effet. Je recommençai cette expérience une quatrième fois par une température qui varia de $+13$ à 17 degrés. Il fallut onze jours d'obscurité pour opérer l'extinction complète de la motilité de la sensitive. Cette fois je ne pus observer le retour de la motilité, parceque la sensitive rendue à la lumière perdit toutes ses feuilles. Je répétai une cinquième fois l'expérience dont il est ici question par une température qui varia de $+10$ à 15 degrés dans l'appartement où était le récipient sous lequel était placée la sensitive. Cette plante, plongée dans une obscurité complète, conserva sa motilité sans aucune altération bien sensible pendant dix jours. Le douzième jour, les folioles cessèrent de se mouvoir lorsqu'on les frappait; les pétioles seuls possédaient encore leur motilité. Le quinzième jour, toute motilité appréciable avait disparu. La sensitive avait souffert par cette longue obscurité; plusieurs de ses feuilles avaient jauni et leurs folioles tombaient à la moindre secousse. Cependant un assez grand nombre de ces feuilles avaient conservé leur couleur verte et me paraissaient susceptibles de récupérer leur motilité. Je voulus voir si cet effet pouvait être produit par l'exposition de la plante à la lumière diffuse du jour, telle qu'elle parvient dans une chambre par les fenêtres au moyen de la réflexion des nuages et des objets du dehors. Ayant donc tiré ma sensitive de dessous son récipient, je la plaçai dans un lieu de l'appartement qui était bien éclairé, mais qui ne recevait point la lumière directe du soleil; dès le soir du premier jour quelques unes des feuilles les moins âgées commencèrent à présenter le phénomène du sommeil, qui avait cessé d'avoir lieu sous le récipient. Le lendemain, les folioles se déployèrent à la lumière, mais restèrent immobiles sous l'influence des plus fortes secousses. Les feuilles plus âgées ne commencèrent à présenter le phénomène du sommeil que le quatrième jour. Alors les folioles des jeunes feuilles se mouvaient fort légèrement lorsqu'on les choquait vivement avec le doigt; les pétioles étaient immobiles. Le cinquième jour, la plante continua de présenter les mêmes phénomènes d'une motilité languissante. Le sixième jour, je plaçai la sensitive aux rayons d'un soleil ardent; au bout de quatre heures, les jeunes feuilles avaient complètement récupéré leur motilité, et les vieilles feuilles l'avaient récupérée en partie. Ces dernières avaient jusqu'alors refusé de se mouvoir sous l'influence des chocs. L'exposition de la plante au soleil pendant la durée du septième jour acheva de lui rendre complètement sa motilité. Il résulte de ces expériences que la privation de la lumière occasione chez la sensitive l'abolition des conditions de la motilité, et que l'exposition de cette plante à la lumière lui rend ces conditions perdues. Cette perte des conditions de la motilité dans l'obscurité est fort rapide quand la température est très élevée, elle est beaucoup plus lente lorsque cette température offre un certain degré d'abaissement. En effet, nous avons vu qu'il n'a fallu que quatre à cinq jours d'absence de la lumière, par une température de $+$ 20 à 25 degrés, pour abolir complètement la motilité d'une sensitive, tandis que, par une température de $+$ 15 à 20 degrés il a fallu dix jours d'obscurité pour produire cette abolition; et qu'il a fallu quinze jours d'obscurité pour produire ce même effet, lorsque la température était de $+$ 10 à 15 degrés. La rapidité du retour des conditions de la motilité chez la sensitive qui les a perdues dans l'obscurité est en raison de l'intensité de la lumière à laquelle elle est soumise. Nous avons vu en effet qu'il ne faut que quelques heures d'exposition à la lumière directe du soleil pour réparer ces conditions perdues, tandis que pour produire le même effet il faut plusieurs jours d'exposition à la lumière diffuse du jour. Il résulte de ces expériences que la lumière, et spécialement la lumière solaire, est l'agent extérieur dans l'influence duquel les végétaux puisent le renouvellement des conditions de leur motilité. J'ignore en quoi consiste cette influence réparatrice, mais le fait de cette réparation est certain, comme l'est celui de l'abolition de ces conditions dans l'obscurité. Dans les expériences qui viennent d'être exposées, j'ai observé que les folioles ont perdu leur motilité avant les pétioles, et l'ont récupérée avant eux. J'ai observé de même que les jeunes feuilles ont récupéré leur motilité avant les vieilles feuilles, et que, chez les unes comme chez les autres, les premiers indices de la motilité réparée se sont manifestés par les seuls phénomènes du sommeil et du réveil. Ces phénomènes de motilité vitale ont été pendant quelque temps les seuls qu'ait présentés la sensitive dont la motilité n'était pas encore entièrement récupérée. Il résulte de là qu'en privant une sensitive d'une portion des conditions de sa motilité, on la réduit au mode d'existence des végétaux vulgaires, c'est-à-dire qu'elle ne meut point ses feuilles sous l'influence des agents nervimoteurs mécaniques, bien qu'elle les meuve encore pour présenter les phénomènes du sommeil et du réveil. Il est enfin un état d'épuisement des conditions de la motilité qui, sans occasioner chez la sensitive la mort de la feuille, fait qu'elle demeure quelque temps dans un état d'immobilité parfaite, et qu'elle est incapable de *sommeil* et de *réveil* appréciables, comme le sont tant d'autres végétaux. Cela prouve que toutes les différences qui existent à cet égard entre les plantes dérivent seulement de ce qu'elles possèdent en quantité différente les conditions de la motilité, conditions dont la nature est encore inconnue. Ces conditions sont réparées chez les végétaux par la lumière solaire; par conséquent l'influence qu'exerce la lumière sur les végétaux est comparable à celle qu'exerce l'oxigénation respiratoire sur les animaux. On sait que chez ces derniers l'énergie de la motilité est généralement en raison de la quantité de la respiration, c'est-à-dire en raison de la quantité de l'oxigène absorbé; toute motilité cesse rapidement lorsque l'oxigénation du sang n'a plus lieu. Le genre de l'influence qu'exerce l'oxigénation des fluides sur l'énergie de la motilité animale est inconnu; le fait seul de cette influence est bien constaté. Il en est de même de l'influence qu'exerce la lumière solaire sur l'énergie de la motilité végétale; le genre de cette influence est inconnu, mais le fait de cette influence est constaté. Donc l'*insolation* est pour les végétaux ce que l'*oxigénation* est pour les animaux. Ce sont deux sortes de *vivification*, si je puis m'exprimer ainsi. Il résulte de ce rapprochement que l'*étiolement* des végétaux est un état analogue à celui de l'*asphyxie* des animaux ; dans l'un comme dans l'autre il y a diminution ou abolition des conditions de la motilité, par cause de l'absence de l'agent extérieur qui sert à les entretenir. Ce rapprochement inattendu est encore fortifié par la considération suivante. On sait combien l'asphyxie est rapide chez les animaux *à sang chaud;* on sait combien elle est lente chez les animaux *à sang froid;* on sait enfin, par les expériences de M. Edwards, que chez ces derniers l'asphyxie peut être à volonté accélérée ou retardée, en augmentant ou en diminuant la température extérieure dans certaines limites. Or, chez la sensitive, nous observons le même phénomène. Nous voyons son *asphyxie* arriver promptement quand il fait chaud, et tardivement quand la température est plus basse. Tout concourt donc à prouver qu'une même fonction réparatrice de la motilité est exercée de deux manières différentes par les animaux et par les végétaux. Les premiers exercent cette fonction réparatrice au moyen de l'*oxigénation*, et les seconds au moyen de l'*insolation*. Il est à remarquer que ce sont là les deux causes les plus universelles de la production de la chaleur.

La conclusion définitive que nous tirerons de ces expériences est que la motilité de la sensitive dépend de trois conditions principales, 1° de l'existence d'une température plus élevée que le septième degré au-dessus de zéro, au thermomètre de Réaumur; 2° de l'influence de la lumière; 3° de la présence d'une sève suffisamment abondante. L'absence d'une seule de ces conditions suffit pour anéantir complètement la motilité de cette plante.

SECTION III.

DES DIRECTIONS SPÉCIALES QU'AFFECTENT LES DIVERSES PARTIES DES VÉGÉTAUX [1].

Les phénomènes les plus généraux de la nature, ceux qu'elle présente sans cesse à nos yeux, sont en général ceux que la plupart des hommes remarquent le moins. Celui qui n'a point appris à méditer sur les phénomènes naturels, a peine à se persuader, par exemple, qu'il existe un mystère profond dans l'ascension des tiges des végétaux, et dans la progression descendante de leurs racines. Ce phénomène, cependant, est un des plus curieux parmi ceux que nous offre la vie végétale. Le mouvement descendant des racines paraîtra facile à expliquer pour la plupart des esprits : elles tendent, dira-t-on, comme tous les autres corps, vers le centre de la terre, en vertu des lois connues de la pesanteur; mais comment expliquera-t-on l'ascension verticale des tiges, qui est en opposition manifeste avec ces lois? C'est ici qu'ont échoué ceux qui ont tenté d'expliquer ce phéno-

---

[1] « Ce mémoire avait été présenté (à l'Académie royale des sciences) » pour le prix de physiologie, et l'Académie a dû regretter que ce prix » fût restreint dès cette année à la physiologie animale. » *Analyse des travaux de l'Académie royale des sciences pendant l'année* 1821, par M. le baron Cuvier.

mène. Dodart [1], le premier, à ce qu'il paraît, qui ait recueilli quelques observations sur cet objet, prétend expliquer le retournement de la radicule et de la plumule dans les graines semées *à contre sens*, par l'hypothèse suivante : il admet que la racine est composée de parties qui se contractent par l'effet de l'humidité, et que les parties de la tige, au contraire, se contractent par l'effet de la sécheresse. Il doit en résulter, selon lui, que, dans la graine semée à contre sens, la radicule tournée vers le ciel se contracte et s'incline vers la terre, siége de l'humidité ; tandis que la plumule, au contraire, se contracte et se tourne du côté du ciel, ou plutôt de l'atmosphère, milieu plus sec ou moins humide que ne l'est la terre. On connaît les expériences de Duhamel, et les tentatives qu'il a faites pour contraindre des graines à pousser leur radicule en haut, et leur plumule en bas, en les enfermant dans des tubes qui ne permettaient pas le retournement de ces parties; ne pouvant obéir à leurs tendances naturelles, la radicule et la plumule se contournèrent en spirale. Ces expériences prouvent que les tendances opposées de la radicule et de la plumule ne peuvent être interverties, mais elles nous laissent dans une ignorance complète de la cause à laquelle sont dues ces tendances. Nous ignorons de même la cause du retournement des feuilles. Bonnet [2] a cru pouvoir appliquer à l'explication de ce

---

[1] Sur la perpendicularité des tiges par rapport à l'horizon. *Mémoires de l'Académie des sciences*, 1700.

[2] *Recherches sur l'usage des feuilles.*

phénomène l'hypothèse imaginée par Dodart pour expliquer le retournement de la radicule et de la plumule dans les graines semées *à contre sens*. Selon ce naturaliste, la face inférieure des feuilles est, comme la radicule, composée de fibres qui se contractent à l'humidité, tandis que leur face supérieure est, comme la plumule, composée de fibres qui se contractent à la sécheresse. Cherchant à donner des preuves à ces assertions, Bonnet imagina de fabriquer des feuilles artificielles, dont la face supérieure était en parchemin, qui se contracte par l'effet de la sécheresse, et dont la face inférieure était en toile, dont les fils se raccourcissent par l'effet de l'humidité. Il soumit ces feuilles à la chaleur et à l'humidité, et crut voir qu'elles se comportaient à peu près comme de véritables feuilles. Ce que prouve le mieux cette étrange expérience, c'est le danger qu'il y a d'observer la nature avec des systèmes faits à l'avance, et dans l'intention de leur trouver des preuves.

Convaincus de l'insuffisance des hypothèses proposées pour expliquer les directions spéciales qu'affectent les diverses parties des végétaux, les physiologistes se bornent aujourd'hui à dire que ces directions spéciales sont des *phénomènes vitaux*. Mais cette assertion, dont au reste tout concourt à prouver la vérité; cette assertion, dis-je, ne nous apprend rien sur la cause de ces phénomènes. Il en est du phénomène de la direction opposée des tiges et des racines comme de la plupart des phénomènes que la nature offre à notre observation : rarement ils sont les effets d'une cause unique; la plupart du temps plusieurs causes concourent à les produire. La tâche de l'observateur consiste à démêler des causes diverses, et à assigner la part que prend chacune d'elles dans la production du phénomène.

En voyant les tiges se diriger constamment vers le ciel, et les racines se diriger toujours vers la terre, on peut penser qu'il existe un certain rapport entre la cause de la gravitation et celle de la vie végétale; la direction également constante des tiges vers la lumière peut aussi porter à penser que cet agent est pour les végétaux une cause de direction spéciale. Les tiges pour se développer ont besoin d'être placées dans le sein de l'atmosphère; les racines au contraire ont besoin de se trouver dans le sein de la terre: existerait-il une tendance entre l'atmosphère et la tige, entre la terre humide et la racine, tendance de laquelle résulterait l'ascension de la tige, et le mouvement descendant de la racine? C'est à l'observation à éclaircir nos doutes sur ces différents objets.

J'ai rempli de terre une boîte dont le fond était percé de plusieurs trous; j'ai placé des graines de haricot (*phaseolus vulgaris*) dans ces trous, et j'ai suspendu la boîte en plein air à une élévation de six mètres. De cette manière les graines, placées dans les trous pratiqués à la face inférieure de la boîte, recevaient de bas en haut l'influence de l'atmosphère et de la lumière : la terre humide se trouvait placée au-dessus d'elles. Si la cause de la direction de la plumule et de la radicule existait dans une tendance de ces parties pour la terre humide et pour l'atmosphère, on devait voir la radicule monter dans la terre placée au-dessus d'elle, et la tige au contraire descendre vers l'atmosphère placée au-dessous; c'est ce qui n'eut point lieu. Les radicules des graines descendirent dans l'atmosphère, où elles se desséchèrent bientôt; les plumules, au contraire, se dirigèrent en haut dans l'intérieur de la terre. Je plaçai verticalement en haut la pointe de la radicule de quelques unes de ces graines germées, en les enfonçant dans les trous dont il vient d'être question; ces radicules, au lieu de se diriger vers la masse de terre humide placée au-dessus d'elles, se courbèrent en bas. Je voulus voir si une grande masse de terre, placée au-dessus des graines, exercerait plus d'influence sur la direction de leurs radicules. Je fixai donc des graines de haricot au plancher d'une excavation qui était recouverte d'environ six mètres de terre, et je les y maintins dans de la terre humide par des moyens appropriés. Les résultats de cette seconde expérience ne furent point différents de ceux de la première.

Ces expériences prouvent que ce n'est point vers la terre humide que se dirige la radicule, et que ce n'est point vers l'atmosphère que se dirige la plumule. Ces deux parties se dirigent toujours l'une vers le centre de la terre, l'autre dans une direction opposée. Quoiqu'il paraisse résulter des expériences précédentes que la radicule des embryons séminaux ne possède aucune tendance spéciale vers les corps humides, on pourrait cependant penser que, dans les expériences dont il s'agit, la tendance de la radicule vers le centre de la terre étant plus forte que la tendance supposée de cette même radicule vers les corps humides, cette dernière tendance n'aurait pas pu se manifester. J'ai vu évanouir ce soupçon par l'expérience suivante : j'ai suspendu dans un bocal une petite soucoupe que j'ai remplie d'eau, et dans laquelle j'ai placé une éponge taillée et placée de manière à présenter une face plane verticale; ensuite, au moyen d'un fil de fer fixé au couvercle du bocal, j'ai suspendu dans l'intérieur de ce dernier une fève nouvellement germée, ayant soin de placer la radicule aussi près qu'il était possible de la face verticale de l'éponge sans la toucher. De cette manière le corps humide était placé latéralement par rapport à la radicule, et comme il n'y avait point d'eau au fond du bocal, et que la face verticale de l'éponge dépassait un peu le bord de la soucoupe qui la contenait, il en résultait que la radicule, si elle avait une tendance vers l'humidité, devait se courber latéralement pour se diriger vers l'éponge qui l'avoisinait; car il n'y avait point d'eau ni de corps humide de tout autre côté. Au reste, l'air de l'intérieur du bocal se trouvant saturé d'eau, et la radicule étant extrêmement rapprochée de l'éponge mouillée, cela non seulement empêchait cette radicule de se flétrir, mais fournissait à son absorption une quantité d'eau suffisante pour suffire à son développement et même à la production de nouvelles racines latérales. Cette expérience donna les résultats suivants : la radicule ne manifesta aucune tendance vers l'éponge imbibée d'eau; les racines la-

7

térales qu'elle produisit du côté de l'éponge pénétrèrent dans les cellules de cette dernière; mais les autres racines latérales qui prirent naissance dans les autres points de la surface de la radicule ne manifestèrent aucune tendance vers l'éponge, quoique plusieurs de ces racines latérales prissent leur origine très près de ce corps mouillé. Il résulte de ces diverses expériences que les racines n'ont aucune tendance vers les corps humides, et que, par conséquent, cette cause n'est point une de celles qui déterminent la direction des racines vers la terre. Il est probable que les tiges n'ont pas plus de tendance spéciale vers l'air atmosphérique, que les racines n'en ont vers l'eau, mais on ne peut guère s'en assurer par l'expérience.

Tous les végétaux ne sont pas destinés par la nature à plonger leurs racines dans la terre; les végétaux parasites enfoncent leurs racines dans la substance d'autres végétaux : les radicules de leurs embryons se dirigent-elles aussi vers le centre de la terre? L'observation de la germination de la graine du gui résout cette question par la négative. On sait depuis long-temps que la graine du gui germe dans toutes les directions. Le premier développement de l'embryon de cette graine consiste dans une *élongation caulinaire* de sa tige, qui puise la matière de cet accroissement dans la substance des cotylédons, auxquels elle aboutit par l'une de ses extrémités, et qui est terminée à son autre extrémité par un petit renflement d'un vert moins foncé qui est la radicule. Lorsque la graine est fixée sur une branche d'arbre au moyen de sa glu naturelle, on voit la tige de l'embryon se courber pour diriger la radicule dans un sens perpendiculaire à la surface de la branche; car cette radicule elle-même, qui ne consiste qu'en un petit corps hémisphérique, ne subit ordinairement aucune inflexion. Lorsque la radicule touche la surface de la branche, elle s'épanouit dessus en une sorte de disque, résultat de l'aplatissement du tubercule hémisphérique qui la constituait. C'est de la partie de ce disque qui est collée sur la branche que sortent les racines qui vont puiser leur nourriture dans la substance de la branche qui porte cette plante parasite. Quelle que soit la place qu'occupe la graine du gui sur la branche d'un arbre, l'embryon dirige constamment sa radicule vers le centre de cette branche; en sorte que cette radicule est, suivant la position de la graine, tantôt descendante, tantôt ascendante, tantôt dirigée horizontalement, etc. Existe-t-il dans cette circonstance une tendance de la radicule vers les parties vivantes du végétal dans lequel elle doit s'implanter? Pour éclaircir ce doute, j'ai fixé des graines de gui sur du bois mort, sur des pierres, sur des corps métalliques, sur du verre, etc., toujours j'ai vu la radicule prendre une direction perpendiculaire au plan sur lequel la graine était collée. Je fixai un grand nombre de graines de gui sur la surface d'un gros boulet de fer; toutes les radicules se dirigèrent vers le centre du boulet. Ces faits prouvent que ce n'est point vers un milieu propre à sa nutrition que l'embryon du gui dirige sa radicule, mais que celle-ci obéit à l'attraction des corps sur lesquels la graine est fixée, quelle que soit leur nature. Ainsi, les radicules des végétaux *terrestres* obéissent à l'attraction de la terre, tandis que la radicule du gui *parasite* obéit à l'attraction particulière des corps. Les tiges des végétaux *terrestres* se dirigent dans le sens opposé à celui de l'attraction du globe, et s'élèvent ainsi au-dessus du sol, auquel elles deviennent perpendiculaires; la tige du gui affecte toujours une direction perpendiculaire à celle de la branche sur laquelle elle est implantée; en sorte qu'elle est descendante lorsque l'implantation a lieu à la face inférieure de la branche, ascendante lorsque cette implantation est faite à la face supérieure, etc.; elle se dirige constamment dans un sens opposé à celui de l'attraction de la branche. Ainsi, l'embryon du gui se comporte, par rapport à la branche qui le nourrit, comme les embryons *terrestres* se comportent par rapport à la terre. Ces deux phénomènes, différents au premier coup d'œil, se trouvent, au moyen de cette analyse, être du même genre. Les moisissures nous offrent encore un exemple remarquable de la perpendicularité des tiges par rapport aux corps sur lesquels elles sont fixées, et de l'absence de cette même perpendicularité par rapport à la terre. Spallanzani a noté une partie de ce phénomène dans ses observations sur l'origine des moisissures, mais il ne l'a point aperçu dans son entier; il n'a point vu que les moisissures affectent constamment une direction perpendiculaire à celle de la surface sur laquelle elles sont implantées. J'ai observé ce fait chez les moisissures *aquatiques* comme chez les moisissures *aériennes*. Les poils des végétaux se comportent à cet égard comme les moisissures, c'est-à-dire qu'ils sont toujours perpendiculaires à leur *surface d'implantation*. Il paraît que l'extrême ténuité de ces productions végétales les soumet spécialement à l'influence de l'attraction particulière des corps sur lesquels elles sont implantées, et les soustrait à l'influence de l'attraction du globe terrestre. C'est ainsi que nous voyons les corps réduits en poussière fine adhérer aux corps les plus polis, et manifester par là qu'ils obéissent à l'attraction particulière de ces corps, de préférence à l'attraction du globe terrestre. La tendance des racines et des tiges, les unes dans le sens de la pesanteur, les autres dans le sens diamétralement opposé, ne se remarque d'une manière spéciale que dans les *caudex* ascendants et descendants, c'est-à-dire dans l'axe du végétal considéré dans son entier. Les productions latérales de cet axe prennent toujours une direction plus ou moins différente. On sait que les branches qui naissent aux parties latérales de la tige principale, ainsi que les racines qui sont produites latéralement par la racine pivotante, n'affectent point ordinairement une direction parfaitement verticale. Plusieurs causes influent sur la direction quelquefois parfaitement horizontale qu'elles prennent : nous tâcherons d'exposer ces causes diverses ; l'une d'entre elles est indubitablement la tendance générale qu'ont toutes les parties végétantes à affecter une direction perpendiculaire à leur surface particulière d'implantation. La branche latérale et la racine latérale se comportent comme le gui par rapport à la branche sur laquelle il est implanté; la tige principale et la racine pivotante sont des surfaces particulières d'implantation auxquelles les branches et les racines latérales tendent à devenir perpendiculaires : mais comme cette tendance est combinée avec les tendances générales qui portent les tiges en haut et les racines en bas, il en résulte ordinairement une direction moyenne, en sorte que les branches et les racines font, avec l'axe vertical du végétal, un angle plus ou moins ouvert. En faisant germer et développer des graines dans de l'eau ou dans de 'a mousse humide, on est à même de voir que les racines latérales n'ont qu'une faible tendance vers le centre de la terre. On voit de ces racines latérales, longues d'un ou de deux centimètres, qui sont dirigées dans une horizontalité parfaite; j'en ai même vu quelques unes qui étaient tout-à-fait ascendantes : ce n'est que lorsqu'elles ont acquis une certaine longueur qu'elles commencent à se diriger en bas; elles sont en cela bien différentes de la radicule pivotante, qui, dès qu'elle commence à se manifester, tend vers le centre de la terre avec une énergie et une constance qu'il est impossible de vaincre. On peut faire, sur les branches, des observations semblables. J'ai vu des branches de chêne nées à la surface inférieure de grosses branches horizontales se diriger verticalement en bas jusqu'à ce qu'elles eussent acquis environ la longueur d'un décimètre; alors seulement elles commencèrent à relever leur extrémité végétante vers le ciel. Dans beaucoup d'arbres, les branches latérales végètent dans une horizontalité plus ou moins parfaite; cette horizontalité qui, dans la branche naissante, paraît due à la tendance que possède cette branche à se disposer perpendiculairement à sa surface d'implantation, qui est ici la surface de la tige verticale, cette horizontalité, dis-je, est due à d'autres causes lorsque la branche a acquis une certaine longueur. Son poids l'entraîne vers la terre, et les branches supérieures qui s'étendent au-dessus d'elle, de même dans le sens horizontal, l'empêchent de se dresser vers le ciel. Ces deux causes tendent à maintenir son horizontalité, qui est encore entretenue par l'action de la lumière, que les extrémités végétantes des branches horizontales ne reçoivent que latéralement.

L'influence que les tiges, considérées comme surfaces d'implantation, exercent sur la perpendicularité des branches auxquelles elles donnent naissance paraît ne s'étendre qu'à une très petite distance; elle paraît même quelquefois proportionnelle à la masse de ces tiges : je dis *quelquefois*, car il s'en faut beaucoup que cette règle puisse être donnée comme générale. Cependant il est un fait qui tend à prouver qu'elle n'est pas sans fondement. Nous avons vu plus haut que la graine du gui tend constamment à implanter sa radicule perpendiculairement à la surface de la branche, ou plus généralement du corps sur lequel elle est fixée ; or, j'ai observé que sa radicule ne se dirige point vers ce corps lorsqu'il est trop délié, ou lorsqu'elle en est trop éloignée. Une distance de cinq à six millimètres suffit pour anéantir toute tendance de la radicule du gui vers les corps qui l'avoisinent. Il suffit encore, pour anéantir cette tendance, de fixer la graine du gui sur des corps filiformes qui aient moins d'un millimètre de diamètre; dans ces deux circonstances, la radicule ne se dirige point vers le corps qui porte ou qui avoisine la graine, elle prend une direction particulière, ainsi que je l'exposerai plus bas. Nous venons de voir, par l'exemple des moisissures et des poils des végétaux, que l'extrême ténuité de ces productions végétales les soumet spécialement à l'attraction particulière des corps, comme cela a lieu pour les corps inorganiques. Ces faits prouvent que l'influence des surfaces d'implantation pour déterminer la direction perpendiculaire des productions végétales est en rapport avec l'étendue de ces surfaces; ils prouvent en même temps que cette influence est en rapport avec la distance qui existe entre ces surfaces et les productions végétales qui leur deviénnent perpendiculaires.

Les faits qui viennent d'être exposés prouvent que la cause inconnue de l'attraction générale agit sur les végétaux comme cause de direction spéciale, mais ils prouvent en même temps qu'il s'en faut beaucoup que cette cause agisse sur les végétaux comme elle agit sur les corps inertes. Chez ces derniers, elle produit constamment la tendance vers le centre de gravité; chez les êtres vivants végétaux, elle ne produit cette tendance que pour les racines; elle détermine une tendance opposée dans les tiges. Ce phénomène, en apparence paradoxal, peut faire soupçonner que la cause de la gravitation n'est point la cause *immédiate* de la direction des tiges et des racines, mais qu'elle en est seulement la cause *éloignée* ou *occasionelle*; pour éclaircir ce doute, j'ai fait l'expérience suivante. J'ai pris une graine de gui, que j'avais fait préalablement germer suspendue à un fil délié, d'où il était résulté que la tige de l'embryon s'était développée sans que la radicule hémisphérique qui la terminait eût manifesté aucune tendance à se fixer. J'ai collé cette graine germée à l'une des extrémités d'une aiguille de cuivre construite comme une aiguille de boussole et suspendue de même sur un pivot; une petite boule de cire placée à l'autre extrémité de l'aiguille formait contre-poids. Les choses étant ainsi disposées, j'ai approché latéralement de la radicule une petite planche de bois que j'ai placée à un millimètre environ de distance de la radicule. J'ai ensuite couvert cet appareil d'un récipient de verre, afin qu'aucune cause extérieure ne pût faire mouvoir l'aiguille sur son pivot. Au bout de cinq jours j'ai vu la tige de l'embryon se fléchir et diriger la radicule vers la petite planche qui l'avoisinait, et cela sans que l'aiguille eût changé de position, quoiqu'elle fût extrêmement mobile sur son pivot. Deux jours après, la radicule était dirigée perpendiculairement vers la planche, avec laquelle elle s'était mise en contact; et cependant l'aiguille, qui portait la graine, n'avait point varié dans sa direction. Cette expérience est fort délicate, et demande, pour réussir, des précautions particulières. Il faut que l'appareil soit mis à l'ombre, car si le récipient était échauffé par les rayons du soleil, il communiquerait à l'air qu'il contient un mouvement qui se ferait sentir à l'aiguille; il faut que cette expérience soit faite par un temps chaud, car la germination de la graine du gui ne s'opère qu'avec une extrême lenteur lorsque le thermomètre de Réaumur n'est pas au moins à quinze degrés au-dessus de zéro. Comme il est facile de trouver des graines de gui mûres de l'année précédente jusque vers le milieu de l'été, j'ai pu faire l'expérience dont il s'agit pendant les jours les plus chauds de cette saison. Malgré ces précautions, mon expérience a quelquefois été dérangée par une autre cause. La glu qui enveloppe la graine est fort hygrométrique; l'eau qu'elle absorbe de l'atmosphère ou qu'elle lui livre augmente ou diminue son poids, en sorte que, suspendue à l'une des pointes d'une aiguille mobile, elle fait éprouver à cette dernière des mouvements de bascule qui peuvent un peu déranger sa direction; aussi m'a-t-il fallu répéter plusieurs fois l'expérience pour la voir réussir à souhait.

Cette expérience prouve que la direction de la radicule du gui vers les corps qui l'avoisinent n'est point le résultat immédiat de l'attraction exercée sur elle par ces corps, mais qu'elle est le résultat d'un mouvement spontané exécuté par l'embryon, à l'occasion de l'attraction exercée sur sa radicule, attraction qui n'est ainsi que la cause médiate ou occasionelle du phénomène. Il est facile, en effet, de comprendre que l'inflexion de la tige de l'embryon du gui ne peut être due à l'action immédiate exercée sur la radicule par l'attraction de la petite planche de bois, car une force extérieure capable d'opérer cette inflexion eût opéré avec bien plus de facilité un changement dans la direction de l'aiguille à l'une des pointes de laquelle la graine était fixée. Il n'y a donc point de doute que ce mouvement ne soit *spontané*, c'est-à-dire qu'il ne soit dû à une cause intérieure et vitale mise en jeu par l'influence d'un agent extérieur. Cette spontanéité de la direction de la radicule du gui sous l'influence de l'attraction prouve d'une manière incontestable que cette attraction n'a agi que sur la nervimotilité du végétal, et point du tout sur sa matière pondérable. Il en est indubitablement de même pour les végétaux *terrestres*. La cause inconnue de l'attraction n'est que la cause occasionelle du mouvement descendant des racines et de l'ascension des tiges; elle n'en est point la cause immédiate; elle agit, dans cette circonstance, comme agent nervimoteur. Nous verrons plus bas de nouvelles preuves de la généralité de ce fait important en physiologie, savoir, que les mouvements visibles des végétaux sont tous des mouvements *spontanés*, exécutés à l'occasion de l'influence d'un agent extérieur, et non des mouvements *imprimés* par cet agent.

La lumière est pour les végétaux une cause de direction spéciale non moins énergique que celle dont nous venons d'observer l'influence. On sait qu'une plante renfermée dans un appartement qui ne reçoit la lumière que par une seule ouverture dirige constamment vers cette ouverture sa tige, qui cesse d'affecter une position perpendiculaire à l'horizon. Nul doute que cette tendance des tiges vers la lumière n'ait également lieu en plein air. La lumière affluant de toutes parts, à peu près en égale quantité par la réflexion des nuages et de l'atmosphère, doit déterminer l'ascension des tiges vers le ciel; elle est en cela l'auxiliaire de la cause de la gravitation. On pourrait même penser que la tendance vers la lumière serait la cause unique de l'ascension des tiges et de leur position verticale, si l'expérience ne prouvait le contraire. J'ai couché sur le sol, dans un endroit sec et parfaitement obscur, des tiges d'*allium cepa* et d'*allium porrum*, arrachées avec leurs bulbes; on sait que ces plantes, quoique déracinées, continuent long-temps à vivre : ces tiges se courbèrent dans une portion de leur longueur, et leur partie supérieure se dirigea vers le ciel. Je n'obtins ce résultat qu'au bout de dix jours, tandis qu'il ne me fallut que trois jours pour l'obtenir en répétant la même expérience en plein air. L'absence de la lumière, dans la première expérience, ne permet d'attribuer le redressement de la tige qu'à la cause de la gravitation, seule cause connue qui agisse dans le sens perpendiculaire à l'horizon ; cependant on pourrait peut-être penser que l'humidité agirait ici pour rendre convexe le côté de la tige en contact avec le sol, et déterminer ainsi la flexion de la tige vers le haut. J'ai déjà dit que le lieu où se faisait cette expérience était fort sec, ainsi il n'était pas probable que le redressement de la tige fût dû à la cause que je viens d'indiquer; cependant, pour dissiper tous les doutes à cet égard, j'ai répété l'expérience en couchant une tige d'*allium porrum* dans une auge qui contenait assez d'eau pour couvrir entièrement cette tige retenue au fond. Ici l'influence de l'humidité devenait nulle, par cela même qu'elle s'exerçait simultanément sur toutes les parties de la tige : celle-ci ne laissa pas de se dresser vers le ciel. Je voulus voir si la spathe remplie de fleurs qui terminait cette tige avait quelque influence sur son redressement : je l'enlevai; et la tige à laquelle j'avais fait cette amputation ne laissa pas de se redresser. Je variai l'expérience : ayant couché la tige et l'ayant courbée en arc, je la fixai solidement au sol en deux points de son étendue. L'arc couché sur le sol se redressa et tourna sa convexité vers le ciel. Cette expérience me réussit également bien en plein air et dans l'obscurité; seulement il fallut, dans ce dernier cas, un temps beaucoup plus long. Ces expériences prouvent que le redressement des tiges vers le ciel est dû simultanément à l'influence de la cause de la gravitation et à l'influence de la lumière. Ce n'est point seulement par leur partie supérieure que les tiges tendent vers le ciel ou vers la lumière. Bonnet a prouvé cette vérité par des expériences que j'ai répétées, et qui m'ont donné des résultats semblables à ceux qu'il a obtenus.

J'ai enfoncé le sommet d'une tige, encore jeune, de *mercurialis annua* dans l'ouverture d'une fiole remplie d'eau, et placée verticalement ; puis, fléchissant la partie inférieure de cette tige vers la terre, je l'ai maintenue dans cette flexion avec une ligature fixée au col de la fiole. La portion de tige ainsi fléchie était dépourvue de feuilles ; exposée à l'influence de la lumière, cette plante ne tarda pas à dresser vers le ciel sa portion libre, qui était la partie inférieure de la tige. Ainsi ce n'est point seulement par leur sommet que les tiges tendent vers le ciel ; nous verrons bientôt que cette tendance se manifeste dans toutes leurs parties mobiles lorsqu'elles sont colorées.

Les tiges se dirigent quelquefois vers la terre, dans laquelle elles tendent à s'enfoncer comme des racines. Ce phénomène mérite une attention toute particulière, tant pour lui-même que par rapport aux circonstances qui l'accompagnent et qui le déterminent. Beaucoup de végétaux, outre leurs tiges aériennes, possèdent des tiges souterraines, ainsi que je l'ai fait voir dans mes *Recherches sur l'accroissement et la reproduction des végétaux* [1]. Ces tiges souterraines rampent horizontalement dans l'intérieur de la terre, sans manifester aucune tendance vers le ciel ; elles sont blanches comme les racines dont elles affectent la direction et dont elles habitent le séjour. Quelquefois cependant elles sont de couleur de rose, comme cela s'observe, par exemple, chez le *sparganium*

---

[1] *Mémoire du Muséum d'histoire naturelle*, tome 8, page 29.

erectum; mais alors c'est l'épiderme qui se trouve coloré et non le parenchyme subjacent. Lorsque la pointe de ces tiges souterraines approche de la surface du sol, elle verdit, et dès lors elle tend vers le ciel. Pourquoi cette tendance, qui était nulle dans la tige blanche ou plutôt décolorée, se manifeste-t-elle dans cette même tige lorsqu'elle vient à verdir? Y aurait-il donc un rapport secret entre la coloration des parties des végétaux et les tendances diverses qu'elles affectent? L'observation va nous éclairer sur ce mystère.

En général, les tiges se dirigent vers la lumière, ce qui coïncide avec leur coloration, presque toujours en vert; les racines n'affectent ordinairement aucune direction vers la lumière, ce qui coïncide avec leur défaut de coloration. La couleur des racines n'est autre, en effet, que celle du tissu végétal décoloré; leur blancheur ne saurait être comparée au blanc mat que présentent les pétales de plusieurs végétaux, et qui est dû à la présence d'une matière colorante blanche. La lumière, principale mais non pas seule cause de la coloration des tiges et de leurs organes, ne possède aucun pouvoir pour colorer les racines, ainsi qu'on peut s'en assurer en faisant développer les racines d'une plante dans l'eau contenue dans un bocal de verre; malgré l'influence de la lumière elles restent constamment incolores; ceci ne tient point à leur immersion dans l'eau, car les feuilles des végétaux aquatiques sont colorées malgré leur submersion. En général, les racines ne possèdent aucune tendance vers la lumière, mais cette tendance se manifeste lorsque le bourgeon terminal d'une racine acquiert une teinte légèrement verdâtre, comme cela arrive quelquefois. J'avais fait germer des graines de *mirabilis jalappa* dans de la mousse humide, et je remarquai que les radicules, déjà de la longueur du doigt, étaient terminées par un bourgeon de couleur légèrement verdâtre. Je voulus voir si ces racines dirigeraient leur pointe vers la lumière. A cet effet je les plaçai dans un bocal de verre rempli d'eau et dont le couvercle de bois était percé de trous pour recevoir les racines et fixer les graines. J'enveloppai le bocal avec une étoffe noire; en laissant seulement une fente verticale de peu de largeur, par laquelle la lumière parvenait dans l'intérieur du bocal. Je dirigeai cette fente vers la lumière du soleil; quelques heures après, je vis que toutes mes racines en expérience avaient courbé leur pointe en crochet, pour la diriger vers la fente qui leur transmettait la lumière. Je fis la même expérience avec d'autres racines dont le bourgeon terminal n'était point verdâtre, elles demeurèrent immobiles. D'après cette expérience, il est évident que la coloration est une des conditions qui déterminent la tendance de parties des végétaux vers la lumière, et par conséquent vers le ciel. Cela est si vrai que, lorsqu'elles sont décolorées, les tiges naissantes se dirigent vers la terre. J'ai observé ce fait curieux chez plusieurs plantes aquatiques, et notamment chez le *sagittaria sagittifolia*. Des tiges naissent des bourgeons situés dans les aisselles des feuilles toutes radicales de cette plante, qui, comme on sait, croît au fond des eaux. Ces bourgeons ont leur pointe dirigée vers le ciel, comme cela a lieu chez tous les végétaux. Les jeunes tiges qui naissent de ces bourgeons sont entièrement décolorées comme des racines; aussi, au lieu de se diriger vers le ciel, comme le font les tiges colorées, elles se courbent et dirigent leur pointe verticalement vers le centre de la terre; se comportant dans ce retournement comme la radicule d'une graine semée à contre sens. Pour parvenir à prendre cette position, la jeune tige perce de vive force toute l'épaisseur du pétiole engaînant de la feuille dans l'aisselle de laquelle elle a pris naissance, surmontant ainsi l'obstacle mécanique qui s'oppose à sa tendance vers la terre. Cette tige souterraine, munie de feuilles décolorées comme elle, se plonge dans la vase, où bientôt sa progression devient horizontale; ce n'est que lorsqu'elle a acquis une certaine longueur que son bourgeon terminal commence à acquérir une couleur verte; dès lors elle devient ascendante et sort de la vase, elle devient tige aérienne. Les racines offrent quelquefois un phénomène analogue quoique inverse. On sait que plusieurs végétaux produisent des racines sur différentes parties de leur tige : lorsque ces racines aériennes sont incolores, elles se dirigent toujours vers le centre de la terre; mais lorsqu'elles ont une couleur verte elles recourbent leur pointe et la dirigent vers le ciel. J'ai observé ce dernier phénomène chez le *pothos crassinervia* et chez le *cactus phyllanthus*. Ainsi, ce n'est point en leur qualité de tiges que les tiges se dirigent vers le ciel, c'est parcequ'elles ont un parenchyme coloré; et ce n'est point en leur qualité de racines que les racines descendent vers la terre, c'est parceque leur parenchyme est incolore. Au reste, en indiquant la présence ou l'absence de la coloration du parenchyme superficiel comme la cause de la différence de la direction des tiges et des racines, je ne fais qu'indiquer une condition générale de l'organisation végétale qui accompagne constamment cette différence de direction. Nous reviendrons plus bas sur cette coïncidence de phénomènes. Les racines des végétaux *terrestres*, ainsi que nous venons de le voir, se dirigent vers la lumière lorsque leur parenchyme est coloré; elles n'affectent aucune tendance ni vers la lumière, ni dans le sens opposé, lorsque leur parenchyme est incolore. La radicule de l'embryon du gui offre à cet égard un phénomène tout particulier. Cette radicule, qui est d'un verd bien moins foncé que celui de la tige de l'embryon, au lieu de se diriger vers la lumière comme cela semblerait devoir être, en sa qualité de partie verte, se dirige au contraire constamment en sens inverse, comme si elle était repoussée par la lumière. Pour être témoin de ce phénomène, il faut, dans l'intérieur d'un appartement, et vis-à-vis d'une fenêtre, tendre un fil sur lequel on collera des graines de gui, au moyen de leur glu naturelle. Ces graines, si le temps est chaud, ne tarderont point à germer, et l'on verra toutes les radicules se diriger vers le fond de l'appartement. Cette tendance à fuir la lumière est ici la seule à laquelle obéit la radicule de l'embryon du gui, parceque le fil délié sur lequel la graine est fixée n'exerce pas sur cette radicule une attraction assez puissante pour la déterminer à se diriger vers lui. Plus on approche de la fenêtre le fil qui porte les graines, plus la tendance de la radicule à fuir la lumière devient énergique. J'ai collé plusieurs de ces graines sur les carreaux de vitre en dedans de l'appartement; toutes les radicules se sont dirigées vers le fond de cet appartement, obéissant ainsi à leur tendance à fuir la lumière, de préférence à la tendance qui, dans toute autre position, les eût portées vers la surface du carreau sur lequel elles étaient fixées. J'avais en même temps collé un pareil nombre de ces graines en dehors, sur la face opposée du même carreau de vitre; toutes les radicules se dirigèrent vers la surface de ce carreau, obéissant ainsi aux deux tendances qui les sollicitaient dans le même sens, c'est-à-dire à la tendance à fuir la lumière et à la tendance à obéir à l'attraction du corps sur lequel elles étaient fixées. J'ai retourné quelques unes de ces graines, et je les ai placées en sens inverse de celui qu'elles avaient pris naturellement : les graines, de l'intérieur dont j'avais dirigé les radicules vers le carreau de vitre, ne tardèrent point à ramener ces mêmes radicules vers l'intérieur de l'appartement; les graines de l'extérieur dont j'avais dirigé les radicules vers les objets du dehors, ramenèrent en même temps ces mêmes radicules vers la surface du carreau de vitre. La lumière directe ne possède pas seule le pouvoir de déterminer le mouvement rétrograde de la radicule de gui; la lumière réfléchie par les objets

8.

terrestres produit le même effet : je m'en suis assuré par l'expérience suivante : j'ai pris un tube de bois fermé à l'un de ses bouts par une lame de verre, et recouvert à l'autre bout par un couvercle de bois fermant exactement; j'ai collé plusieurs graines de gui sur la face intérieure de la lame de verre, et j'ai suspendu le tube verticalement sous l'abri du toit d'une fenêtre en mansarde, et de manière à ce que l'extrémité de ce tube qui était fermée par la lame de verre fût en bas : ainsi l'intérieur du tube n'était éclairé que par la lumière que réfléchissaient les objets terrestres. Les radicules des graines de gui mises en expérience se dirigèrent toutes verticalement vers le ciel, fuyant ainsi la lumière qui leur arrivait de bas en haut. Il était intéressant de savoir si cette tendance singulière de la radicule du gui était le résultat d'une répulsion exercée sur elle par la lumière. Je pris une graine de gui que j'avais fait préalablement germer sur un fil et vis-à-vis de la lumière. Cette graine portait deux embryons dont les radicules étaient fléchies du même côté. Je fixai cette graine à l'une des extrémités de l'aiguille de cuivre qui m'avait déjà servi dans une expérience rapportée plus haut, aiguille qui se suspend sur un pivot à la manière des aiguilles de boussole; je couvris d'un récipient de verre cet appareil que je plaçai auprès d'une fenêtre que n'éclairaient point les rayons directs du soleil, et j'eus soin de diriger les deux radicules vers la lumière. Au bout de quelques jours, ces deux radicules changèrent de direction, et se dirigèrent vers le fond de l'appartement, sans faire éprouver aucun changement à la direction de l'aiguille. Cette expérience me prouva que la radicule du gui fuit la lumière par un mouvement spontané, et non par l'effet d'une répulsion qui serait exercée sur elle; car une force extérieure qui serait capable de fléchir la tige de l'embryon du gui serait bien plus que suffisante pour opérer un changement de direction dans l'aiguille extrêmement mobile qui portait cet embryon. Il résulte de ces expériences et de celles qui ont été rapportées plus haut que la radicule de l'embryon du gui affecte deux tendances spontanées à l'occasion de l'influence de deux agents nervimoteurs différents. Le premier de ces agents, qui est l'attraction particulière des corps, est la cause occasionelle de la tendance spontanée de cette radicule vers ces mêmes corps; le second de ces agents, qui est la lumière, est la cause occasionelle de la tendance spontanée que manifeste cette radicule à fuir cette lumière elle-même.

Pour compléter mes observations sur la graine du gui, il me restait à observer la tendance qu'affecterait la radicule dans l'obscurité, la graine étant fixée sur un fil, et par conséquent soustraite à l'influence de l'attraction particulière des corps. Les expériences que j'ai faites à cet égard ne m'ont rien appris de bien positif; j'ai vu, dans cette circonstance, la radicule affecter toutes sortes de directions; cependant j'ai observé que très rarement la radicule s'est dirigée vers la terre; un peu plus souvent sa direction a été horizontale, ou inclinée diversement à l'horizon; dans le plus grand nombre des cas, la radicule a été ascendante. Le seul fait bien certain qui résulte de ces observations, c'est que la radicule du gui ne possède aucune tendance vers le centre de la terre, comme cela a lieu chez la radicule des végétaux *terrestres*. On peut tirer de là cette conclusion vraiment paradoxale, que la radicule du gui, qui obéit à l'attraction particulière des corps, n'obéit point du tout à l'attraction du globe terrestre; attraction qui n'est cependant que la somme des attractions particulières exercées par les corps dont le globe est composé.

Dans les observations que je viens de rapporter sur la graine du gui, je n'ai point parlé de la direction de la plumule, parceque ce n'est qu'un an après la germination qu'elle se développe; il ne se manifeste d'abord du caudex ascendant de l'embryon du gui que la portion de la tige qui est comprise entre l'insertion des cotylédons et l'origine de la radicule. La plumule, située entre les cotylédons, reste pendant la première année à l'état rudimentaire, et ne prend ainsi aucune direction particulière pendant la germination; les cotylédons eux-mêmes, fixés sur les corps au moyen de la glu qui les environne, n'ont aucune liberté pour prendre une direction quelconque; ce n'est que dans le printemps de la seconde année que les cotylédons desséchés se détachent de la tige qui commence à développer ses premières feuilles.

Les végétaux offrent un autre phénomène de direction spéciale qui a beaucoup occupé les observateurs de la nature : je veux parler de la direction constante de la face supérieure des feuilles vers le ciel, et de leur face inférieure vers la terre. Lorsqu'on renverse une feuille, et qu'on maintient la face inférieure dirigée vers le ciel, il s'opère, soit dans le corps de la feuille, soit dans son pétiole, une torsion au moyen de laquelle la face inférieure est ramenée vers la terre, et la face supérieure vers le ciel. Bonnet [1] a fait beaucoup de recherches sur ce phénomène qu'il a cru pouvoir expliquer par l'influence qu'exercerait, sur la face inférieure des feuilles, l'humidité qui s'élève de la terre; mais cette tendance de la face inférieure des feuilles vers l'humidité ne peut être admise, puisque le retournement de ces organes a lieu dans l'eau comme dans l'air. Cette expérience est due à Bonnet lui-même, et il est bien singulier qu'il n'ait pas vu qu'elle renversait sa théorie. Au reste, c'est faute d'avoir observé le phénomène de la direction des feuilles dans toute sa généralité que Bonnet a affirmé que la face des feuilles appelée *supérieure* se dirige constamment vers le ciel, et la face opposée vers la terre; il existe à cet égard des exceptions fort remarquables : il y a presque toujours une différence sensible d'organisation entre la face supérieure et la face inférieure des feuilles, la face supérieure est presque toujours plus colorée que ne l'est la face inférieure, qui est ordinairement d'un vert blanchâtre. Cette différence de la coloration des deux faces de la feuille coïncide constamment avec la dif-

[1] *Recherches sur l'usage des feuilles.*

férence de la direction de ces faces; la face la plus colorée se dirige toujours vers la lumière, ou plus généralement vers le ciel; la face qui a le moins de coloration, c'est-à-dire dont la coloration est moins vive, se dirige toujours vers la terre : aussi lorsque la face supérieure est moins colorée que la face inférieure, la feuille présente une position inverse de celle qui s'observe chez presque tous les végétaux; sa position est renversée, c'est-à-dire que sa face *supérieure* est dirigée vers la terre, et que, par conséquent, sa face *inférieure* est dirigée vers le ciel. C'est ce que j'ai observé chez plusieurs graminées : beaucoup de plantes de cette famille ont leurs feuilles renversées, la face supérieure de ces feuilles est d'un vert glauque; la face inférieure de ces mêmes feuilles est au contraire d'un vert éclatant : aussi est-ce cette dernière qui se dirige constamment vers le ciel, au moyen d'une torsion qui s'opère dans le corps même de la feuille. Ce phénomène est surtout facile à observer chez les graminées céréales; ces plantes, avant l'apparition de l'épi, offrent une multitude de feuilles qui, élancées dans l'atmosphère, ramènent leur pointe vers la terre, et sont ainsi disposées en arceaux : or c'est toujours la face inférieure de la feuille qui, dans ces arceaux, est dirigée vers le ciel; la face supérieure regarde la terre. Avec un peu d'attention, on voit la même disposition dans la feuille de plusieurs des humbles graminées que nous foulons tous les jours aux pieds. J'ai trouvé peu de graminées qui fussent étrangères à cette disposition. On ne l'observe point, par exemple, chez le *zea mays;* elle n'existe point non plus chez le *triticum repens* ni chez l'*agrostis rubra :* aussi, chez ces végétaux, n'observe-t-on point la prédominance de la coloration de la face inférieure de la feuille, comme cela s'observe chez la plupart des autres graminées. J'ai remarqué que les substances qui masquent extérieurement la coloration des feuilles ne nuisent en rien à la direction qu'elles affectent en raison de cette coloration; ainsi la feuille du seigle dirige constamment sa face inférieure vers le ciel, quoique cette face soit couverte d'une poussière glauque qui masque sa couleur verte, et qui fait que cette face inférieure paraît moins colorée que la face supérieure. Cette apparence disparaît en essuyant la feuille; alors on voit que sa face inférieure, dirigée vers le ciel, est effectivement plus colorée que ne l'est sa face supérieure dirigée vers la terre. Les feuilles dont les deux faces sont également colorées ne dirigent aucune de ces faces vers la lumière, mais leur pointe s'élève ordinairement droit vers le ciel; telles sont les feuilles des typhinées et les feuilles subulées des alliacées. L'ascension verticale de ces feuilles résulte de la même cause que celle qui produit l'ascension verticale des tiges dépourvues de feuilles, et qui sont également colorées dans tout leur pourtour, telles que les tiges des plantes qui appartiennent aux genres *allium, scirpus, juncus,* etc. Les feuilles du gui, également colorées sur leurs deux faces, les dirigent de même indifféremment vers la lumière, et j'ai remarqué que la pointe de ces feuilles tend aussi vers le ciel, de même que les extrémités des tiges de cette plante lorsqu'elles ont acquis une certaine longueur. Il résulte de ces observations que les directions spéciales qu'affectent les faces opposées des feuilles sont constamment en rapport avec la différence de la coloration de ces faces. C'est toujours la face dont la couleur est la plus éclatante qui se dirige vers le ciel, la face la moins colorée se dirige toujours vers la terre; ainsi ce n'est point en leur qualité de face supérieure ou de face inférieure de la feuille, que ces faces affectent des directions spéciales, c'est en leur qualité de faces différemment colorées.

Les pétales des fleurs sont soumis, sous le point de vue de la direction de leurs faces, à des lois semblables à celles qui président à la direction des feuilles; c'est toujours leur face la plus colorée qui se dirige vers la lumière, et c'est en général, comme chez les feuilles, la face supérieure qui présente cette prédominance de coloration qui, quoique souvent peu sensible, est cependant toujours réelle. On la remarque même dans les pétales de couleur blanche : que l'on observe, par exemple, un pétale de lis blanc (*lilium album*), on verra que sa face supérieure est d'un blanc mat et fort éclatant, tandis que sa face inférieure offre une teinte beaucoup plus pâle ; la couleur blanche des fleurs, comme toutes les autres couleurs que l'on observe dans ces organes, est due à une matière colorante particulière qui est déposée dans le parenchyme subjacent à l'épiderme; il en est de même de la couleur verte des feuilles. Ainsi la blancheur des pétales de certaines fleurs n'est point due à la même cause que la blancheur des racines ainsi que des tiges étiolées. Dans les pétales blancs, il y a existence d'une matière colorante blanche; dans les racines ainsi que dans les tiges étiolées, il y a absence de toute matière colorante, ce qui laisse apercevoir la couleur propre au tissu végétal, couleur qui approche du blanc.

Les pétales tendent à se retourner comme les feuilles, lorsqu'on dirige leur face supérieure vers la terre, en maintenant renversée la fleur à laquelle ils appartiennent. J'ai fait cette observation sur les pétales du *lilium album*; mais leur retournement, qui ne s'opère qu'au moyen de leur torsion, n'est jamais aussi complet que l'est celui des feuilles que leur pétiole rend fort mobiles; on observe avec plus de facilité la tendance de la face supérieure de la fleur tout entière vers la lumière; ce fait est si connu que je ne crois pas devoir m'y arrêter. Il est cependant des fleurs dont l'ouverture est constamment dirigée vers la terre, cela, sans nul doute, provient souvent de leur pesanteur et de la faiblesse de leur pédoncule; mais je pense que cela provient aussi quelquefois d'une tendance naturelle de la face inférieure de la fleur vers le ciel, comme étant plus colorée que la face supérieure. Dans les fleurs du *digitalis purpurea*, du *symphytum officinale*, du *fritillaria imperialis*, par exemple, la face supérieure est moins colorée que la face inférieure, qui doit, par cela même, tendre de préférence vers la lumière, et par conséquent vers le ciel: de là vient que ces fleurs ont toujours leur orifice dirigé vers la terre; c'est par une action spontanée qu'elles se dirigent ainsi. Nous trouverons la preuve de cette assertion dans la section suivante. Dans les fleurs papilionacées, il est presque général de voir le pavillon diriger sa face supérieure vers la lumière, ce qui coïncide avec la plus forte coloration de cette face; les ailes, au contraire, appliquées ordinairement l'une contre l'autre par leur face supérieure, qui est peu colorée, présentent latéralement à l'influence de la lumière leur face inférieure, dont la coloration est beaucoup plus forte. Dans le genre *phaseolus*, on remarque même que les ailes se tordent sur elles-mêmes pour diriger vers le ciel cette même face inférieure; le contraire a lieu dans la fleur du *melilotus officinalis*; chez elle, c'est la face supérieure des ailes qui se dirige en haut, au moyen de la torsion de ces mêmes ailes, et cela coïncide encore avec la plus forte coloration de la face dirigée vers le ciel; ainsi les pétales se comportent exactement comme les feuilles, sous le point de vue des directions spéciales qu'ils affectent: chez les uns comme chez les autres, la prédominance de la coloration de l'une quelconque des deux faces est la condition organique qui détermine la direction de cette face vers la lumière et vers le ciel.

Les ovaires, après la chute de la fleur, affectent souvent une direction spéciale et différente de celle que présentait la fleur; chez le *digitalis purpurea*, par exemple, après la chute de la fleur qui était dirigée vers la terre, l'ovaire se redresse et dirige sa pointe vers le ciel; ce fait coïncide avec la couleur verte de l'ovaire; il se dirige vers le ciel comme le ferait une tige, et par la même raison. Un phénomène absolument inverse s'observe chez les *convolvulus volubilis* et *arvensis* : la fleur est dirigée vers le ciel; à peine est-elle tombée, que l'ovaire tend à se diriger vers la terre au moyen de la torsion du pédoncule : à coup sûr cette torsion du pédoncule, lequel est fort robuste, n'est point due à la pesanteur de l'ovaire qui, immédiatement après la chute de la fleur, est encore fort petit, et par conséquent très léger; il faut donc chercher ailleurs la cause de cette direction spéciale. L'ovaire qui est nu est blanc, ou plutôt décoloré comme une racine, il tend comme elle et par la même raison vers la terre; le même phénomène n'a point lieu chez le *convolvulus sepium*, dont l'ovaire, après la chute de la fleur, reste enveloppé par deux larges bractées, qui, en leur qualité de parties vertes, tendent vers le ciel et maintiennent l'ovaire dans cette direction.

Ainsi, les phénomènes de direction spéciale que nous observons dans les diverses parties des végétaux coïncident constamment avec la nature de la coloration de ces parties : nous ne pouvons donc nous dispenser de reconnaître que la différence de coloration est la condition organique à laquelle est attachée la différence de cette direction. Les tiges se dirigent vers le ciel et vers la lumière, parcequ'elles possèdent un parenchyme coloré; les racines se dirigent vers la terre, parceque leur parenchyme est incolore :

les feuilles et les pétales dirigent l'une quelconque de leurs faces vers le ciel et vers la lumière, parceque dans cette face le parenchyme subjacent à l'épiderme est plus fortement coloré que ne l'est celui de la face opposée, qui se dirige vers la terre. Ainsi la coloration des tiges opposées à la décoloration des racines est un phénomène du même genre que la forte coloration de la feuille sur l'une de ses faces, mise en opposition avec la moindre coloration de l'autre face.

Après avoir étudié les directions spéciales qu'affectent les faces opposées des feuilles, il nous reste à décider cette question: *Ces directions spéciales sont-elles mécaniquement imprimées à la feuille par des agents extérieurs, ou bien sont-elles les résultats d'actions spontanées, exécutées à l'occasion de l'influence de ces agents?* Pour décider cette question, j'ai fait les expériences suivantes : j'ai pris des feuilles de divers végétaux, et, après avoir retranché leur pétiole, je l'ai remplacé par un cheveu fixé dans le corps de la feuille au moyen d'un petit crochet; à l'autre extrémité du cheveu était attaché un petit morceau de plomb. J'ai ensuite plongé cet appareil dans un bocal plein d'eau, après avoir pris le soin de laisser ce bocal long-temps en repos, afin que l'eau qu'il contenait n'eût aucun mouvement propre. La pesanteur du plomb précipitait la feuille au fond du bocal; mais, comme, en vertu de sa pesanteur spécifique moindre que celle de l'eau, la feuille tendait vers la surface de ce liquide, il en résultait qu'elle se plaçait dans une position verticale, ayant sa pointe dirigée vers le ciel, et j'avais soin de la placer de telle façon qu'elle eût sa face inférieure dirigée vers la lumière. On sait, par les expériences de Bonnet, que les feuilles plongées dans l'eau se retournent de la même manière que dans l'air : si donc le retournement de la feuille était dû à une attraction exercée par la lumière sur la face supérieure de cet organe, ce retournement devait s'opérer, dans l'expérience en question, au moyen de la torsion du cheveu qui remplaçait le pétiole, et cela même avec plus de facilité que dans l'ordre naturel, puisque ce cheveu opposait moins de résistance à la torsion que n'en opposait le pétiole lui-même, qui cependant se tord en pareille circonstance. Le résultat de cette expérience a été que la feuille est restée parfaitement immobile, et n'a manifesté aucune tendance au retournement. Cependant, lorsque j'ai mis en expérience des feuilles alongées et fort jeunes, telles que des feuilles de pêcher (*amygdalus persica*) ou des folioles de noyer (*juglans regia*), j'ai vu la partie supérieure de la feuille se tordre sur elle-même et ramener sa face supérieure vers la lumière, sans que le cheveu éprouvât la moindre torsion, ce dont je jugeais à la direction du crochet au moyen duquel la feuille était attachée au cheveu. Ces expériences commencent à prouver que la lumière n'exerce aucune attraction sur la face des feuilles qui se dirige ordinairement vers elle, et que le retournement de ces organes est le résultat d'un mouvement spontané. Cette vérité est mise hors de doute par l'expérience suivante : j'ai pris un fragment de tige de *polygonum convolvulus*, chargée de deux feuilles situées du même côté et dirigées dans le même sens. J'ai fixé avec un petit crochet un cheveu à la partie supérieure de ce fragment de tige; un morceau de plomb, fixé à l'autre extrémité du cheveu a précipité dans l'eau d'un bocal ce fragment de tige dans une situation renversée, en sorte que les deux feuilles qu'il portait avaient leur face supérieure dirigée obliquement vers la terre et à l'opposite de la lumière. La plante se tenait suspendue au milieu de l'eau du bocal, sans toucher les parois de ce dernier, qui était placé auprès d'une fenêtre. Les deux feuilles ne tardèrent pas à se retourner au moyen de la torsion de leurs pétioles; le fragment de tige qui les portait ne changea point de position, et le cheveu qui le retenait au milieu de l'eau n'éprouva pas la moindre torsion. Ce cheveu délié offrait à la torsion une résistance infiniment moindre que celle qui lui était opposée par les deux pétioles des feuilles; si donc ces deux derniers ont été tordus par l'effet du retournement des feuilles, sans que le cheveu ait participé le moins du monde à cette torsion, cela prouve d'une manière irréfragable que ce n'est point une attraction, ou une autre cause mécanique extérieure qui détermine le retournement des feuilles, mais que ce retournement est le résultat d'un mouvement spontané, exécuté à l'occasion de l'influence d'un agent extérieur sur la feuille.

La lumière n'est point le seul agent dont l'influence soit susceptible de déterminer le retournement des feuilles. J'ai observé, avec Bonnet, que ces organes se retournent dans une obscurité complète, et tendent ainsi, sans le secours de la lumière, à diriger l'une de leurs faces vers le ciel et l'autre vers la terre. Cette observation prouve que la cause de la pesanteur joue, dans la production de ce phénomène, un rôle semblable à celui de la lumière; la face la moins colorée de la feuille tend, comme les racines, vers la terre, ou dans le sens de la pesanteur; la face la plus colorée tend, comme les tiges, vers le ciel, ou dans le sens opposé à celui de la pesanteur. On pourrait peut-être penser qu'il n'y aurait qu'une seule des faces de la feuille qui affecterait une tendance déterminée, et que l'autre face serait *passive* dans cette circonstance; il est, je crois, impossible d'éclaircir chez les feuilles ce doute qui se trouve levé par l'observation de la tendance que manifeste la radicule du gui à fuir la lumière. Cette radicule est moins colorée en vert que la tige à laquelle elle fait suite, et c'est cette moindre coloration qui est la cause de sa tendance évidente à fuir la lumière. On ne peut se refuser ici à admettre les inductions de l'analogie, et à reconnaître que la face la plus colorée des feuilles tend vers la lumière, et que la face la moins colorée tend à la fuir; par la même raison on peut affirmer que les deux faces de la feuille ont une tendance inverse, par rapport à la cause inconnue de la pesanteur. Ainsi il est bien établi par l'observation que la différence de la coloration est la condition organique qui accompagne constamment la différence de la direction des parties végétales; il est également démontré que c'est toujours par des mouvements spontanés que les végétaux dirigent d'une manière spéciale leurs diverses parties, et que, par conséquent, les agents extérieurs qui déterminent ces directions spéciales n'agissent sur le végétal qu'en qualité d'agents nervimoteurs. C'est la nervimotion, produite par ces agents, qui produit à son tour les mouvements spontanés dont il est ici question. Aussi, quand la nervimotilité de la plante est abolie, ses feuilles renversées ne se retournent plus. Nous avons vu, dans la section précédente, qu'on peut abolir la motilité de la sensitive, en la plaçant dans une obscurité complète pendant un temps plus ou moins long. Or j'ai expérimenté que, lorsque cette plante est réduite par ce procédé à ne plus mouvoir ses feuilles sous l'influence des secousses, elle n'est plus capable non plus de les mouvoir pour les retourner, lorsqu'on les place dans un état de renversement. Les feuilles de la sensitive étant renversées se retournent assez promptement, même dans la plus profonde obscurité. Or, ayant renversé plusieurs feuilles d'une sensitive qui était depuis quatre jours et demi dans une obscurité complète, par une température de + 22 à 24 degrés, et dont les feuilles n'offraient plus aucune motilité sous l'influence des agents nervimoteurs mécaniques, ces feuilles conservèrent leur position renversée, sans faire aucune tentative pour la quitter pendant trois jours que je les laissai en expérience. Ceci achève de prouver que le retournement des feuilles dépend entièrement d'une action intérieure et vitale, et que les agents extérieurs qui déterminent ce phénomène ne sont, dans cette circonstance, que des agents nervimoteurs. Or, comme la différence de la coloration des parties des végétaux apporte une différence dans la direction qu'elles affectent, il en résulte qu'il y a deux modes différents de la nervimotion, qui sont en rapport avec la différence en *plus* ou en *moins* de la coloration des parties végétales.

On doit à Bonnet plusieurs observations qui tendraient à faire penser que les végétaux cherchent à fuir *les abris* desquels ils sont voisins. Ainsi les plantes qui croissent près d'une muraille inclinent leur tige pour s'en éloigner; les feuilles que l'on couvre d'une planche s'éloignent spontanément de cet abri. J'ai répété et varié les expériences que Bonnet a faites à cet égard ; je ne me suis pas contenté de les faire sur des plantes exposées à l'influence de la lumière, je les ai répétées sur des végétaux plongés dans la plus profonde obscurité. J'ai vu que lorsqu'on couvre d'une petite planche la face supérieure d'une feuille d'un végétal situé en plein air, cette feuille tend à se soustraire à cet abri par des moyens qui ne sont point toujours les mêmes, mais qui sont toujours ceux qui doivent arriver le plus facilement et le plus promptement à cette fin; ainsi c'est tantôt au moyen de la flexion latérale du pétiole que la feuille est retirée de dessous l'abri, tantôt c'est au moyen de la flexion de ce même pétiole vers la tige. Lorsque la planche est trop large pour que la feuille puisse être retirée de dessous, le pétiole se fléchit vers la terre, et la feuille se présente ainsi à l'influence de la lumière, qui lui arrive latéralement par-dessous la planche. J'avais couvert d'une petite planche la foliole terminale d'une feuille de haricot (*phaseolus vulgaris*), feuille qui, comme on sait, possède trois folioles; cette foliole ne pouvait point se retirer de dessous la planche par l'inflexion de son pétiole particulier, à cause du peu de longueur de ce dernier; ce fut le pétiole commun qui, par son inflexion, retira la foliole de dessous l'abri qui la recouvrait. En voyant cette diversité de moyens employés pour parvenir à une même fin, on serait presque tenté de croire qu'il existe là une intelligence secrète qui choisit les moyens les plus convenables pour accomplir une action déterminée.

Les feuilles plongées dans une profonde obscurité, et recouvertes par un abri, ne manifestent aucune tendance à s'y soustraire. C'est ce dont je me suis assuré par des observations multipliées et faites avec beaucoup de soin; seulement j'ai observé quelquefois que les feuilles recouvertes d'une petite planche s'en éloignaient en s'abaissant; mais, comme ce mouvement peut être causé par la pesanteur de la feuille, on n'en peut rien conclure pour l'existence chez cette dernière d'une tendance spéciale à fuir l'abri qui la recouvre. Il faut donc admettre que le mouvement par lequel les feuilles exposées en plein air se retirent de dessous les abris qui les recouvrent est uniquement dû à la tendance naturelle que ces organes ont à diriger l'une de leurs faces vers la lumière; c'est un phénomène analogue à celui de leur retournement. On peut conclure de là que si les tiges s'inclinent en avant lorsqu'elles croissent dans le voisinage d'un mur, cela ne provient point d'une tendance particulière qu'elles auraient à fuir cet abri, mais que cela est occasioné par la tendance de la tige vers la lumière qui lui arrive principalement en avant, et à l'influence de laquelle elle est presque totalement soustraite en arrière, c'est-à-dire du côté du mur.

Il existe chez les végétaux un autre phénomène de direction spéciale dont la cause s'est jusqu'ici dérobée à toutes les recherches des naturalistes; je veux parler du phénomène auquel Linné a donné le nom de *sommeil des plantes*. On sait qu'aux approches de la nuit les feuilles et les fleurs de beaucoup de végétaux affectent des directions et des positions différentes de celles qu'elles offraient pendant le jour. Bonnet, qui a beaucoup observé ce phénomène, croit qu'il dépend de l'humidité qui s'élève le soir de la terre. Cette hypothèse est repoussée par l'observation; car j'ai vu qu'une feuille de sensitive plongée dans l'eau ne laisse pas de présenter pendant la nuit le phénomène du *sommeil* ou de la plicature de ses folioles, qui se déploient au retour de la lumière du jour. M. Decandolle, qui a fait de belles expériences sur les deux états de *sommeil* et de *veille* des plantes, a reconnu que ces phénomènes dépendent exclusivement de l'absence ou de la présence de la lumière; mais cela ne nous apprend point la cause du phénomène lui-même, et ne nous instruit point sur sa nature.

La lumière exerce deux influences bien distinctes sur les végétaux ; elle est à la fois agent réparateur de la nervimotilité végétale, et agent nervimoteur, c'est-à-dire qu'elle répare et consomme tout à la fois les conditions vitales de la nervimotilité. J'ai fait voir, dans la 2º section, que la lumière répare chez la sensitive la nervimotilité que l'absence de cette lumière avait laissé éteindre ou épuiser. Cette réparation de la nervimotilité par la lumière a lieu en vertu d'une propriété de cet agent qui n'est pas connue. Nous venons de voir que la lumière agit comme cause de nervimotion pour déterminer certaines directions des parties végétales. Il résulte de cette complication d'actions de la part de la lumière sur les végétaux que ceux-ci doivent avoir un état *diurne* en rapport avec la double influence réparatrice et *nervimotrice* de la lumière, et un état *nocturne* en rapport avec l'absence de cette double influence. L'observation nous apprend que dans l'état *diurne* les feuilles de plusieurs végétaux offrent deux directions spéciales différentes ; tantôt elles présentent directement l'une de leurs faces à la lumière, tantôt elles dirigent leur pointe vers elle; c'est ce que l'on remarque, par exemple, chez la sensitive (*mimosa pudica*), chez le *robinia pseudo acacia*, etc. Le matin les feuilles de ces végétaux présentent leur face supérieure à la lumière, mais dans le milieu du jour, surtout si la lumière du soleil est fort intense, les folioles dirigent leur pointe vers la lumière ou vers le ciel. Ces deux directions différentes, qui se croisent à angle droit, composent par leur assemblage l'état *diurne* des feuilles. Ces deux directions ne s'observent pas chez tous les végétaux, mais il est un phénomène assez commun qui s'y rattache : ce phénomène, qui a été noté par Bonnet, est celui de la forme concave que prennent les feuilles un peu larges lorsqu'elles sont soumises à l'influence d'une forte lumière. Cette concavité de la feuille est produite par la tendance de ses bords ou des extrémités de ses nombreuses nervures vers la lumière ; ce phénomène est évidemment du même genre que celui que l'on observe dans les feuilles qui, comme celles de la sensitive, dirigent vers une forte lumière la pointe de leur nervure unique. Ce phénomène provient de ce que les extrémités des nervures des feuilles se comportent comme si elles étaient des extrémités de tiges, et qu'elles tendent, en cette qualité, à se diriger vers la lumière. Ainsi, pendant le jour, les feuilles de certains végétaux obéissent successivement à deux tendances qui se croisent à angle droit ; la première de ces tendances dirige leur face supérieure vers la lumière, la seconde dirige leur pointe vers ce même agent. Il est à remarquer que la première est le plus constamment prédominante, et qu'il faut une grande intensité de lumière pour faire prédominer la seconde, encore ce dernier effet ne s'observe-t-il que chez quelques végétaux. Dans leur état nocturne, les feuilles n'offrent qu'une seule direction spéciale, et cette direction, considérée, chez les divers végétaux, est assez variable, quoique constante et unique chez chacun d'eux. On sait qu'alors les folioles de la sensitive sont ployées le long de leur pinnule ou de leur axe commun, que les folioles du *robinia pseudo acacia* ont leur pointe dirigée vers la terre; que les folioles des casses tordent leurs pétioles pour se joindre par paires par leurs faces, supérieures en même temps qu'elles dirigent leur pointe en bas, etc. Ces phénomènes ont leur cause dans un état particulier de la nervimotilité du végétal; cette cause se trouve spécialement dans la diminution des conditions de la nervimotilité, conditions qui, sans cesse épuisées par le milieu environnant, ne sont plus réparées en suffisante quantité, à cause de l'absence de l'agent réparateur, qui est la lumière. En un mot, le sommeil des feuilles est la position particulière qui doit résulter d'une diminution considérable et rapide des conditions de leur nervimotilité : aussi toute cause qui produira cette diminution produira une position des feuilles semblable à celle du sommeil. C'est ce que l'on observe chez la sensitive ; une secousse imprimée à ses feuilles, en épuisant momentanément une portion des conditions de leur nervimotilité, leur fait prendre la même position qu'elles affectent pendant le sommeil; leur plicature est véritablement alors un sommeil diurne. Il n'y a point de différence entre ce *sommeil diurne* provoqué par un agent nervimoteur violent, lequel consomme et diminue rapidement les conditions de la nervimotilité, et le *sommeil nocturne*, qui est provoqué par la diminution de ces mêmes conditions de la nervimotilité, par le fait de l'absence de l'agent réparateur de ces conditions vitales sans cesse consommées par le milieu ambiant.

Les fleurs, comme on le sait, présentent, de même que les feuilles, ces deux états de sommeil et de veille, qui reconnaissent certainement pour cause un état particulier d'épuisement ou d'accumulation des conditions de la nervimotilité. La lumière agissant à la fois comme cause réparatrice de la nervimotilité végétale, et comme cause *nervimotrice*, ou comme cause d'épuisement de cette même nervimotilité, elle doit, considérée dans un degré déterminé d'intensité, tantôt réparer plus qu'elle n'épuise, tantôt épuiser plus qu'elle ne répare, et cela suivant l'organisation particulière des végétaux. Ainsi, il n'est point étonnant que l'on rencontre des parties végétales qui offrent la plicature du sommeil pendant le jour, et qui se déploient à la faible lueur du crépuscule; telle est, par exemple, la fleur de la belle de nuit (*mirabilis jalappa*). La plicature de cette fleur est provoquée par une forte lumière qui agit sur elle plus comme cause d'épuisement que comme cause de réparation, tandis que le même degré de lumière produit un effet inverse sur la plupart des autres fleurs.

SECTION IV.

DE L'INFLUENCE DU MOUVEMENT DE ROTATION SUR LES DIRECTIONS SPÉCIALES QU'AFFECTENT LES DIVERSES PARTIES DES VÉGÉTAUX.

Les expériences rapportées dans la section précédente nous ont prouvé que les directions spéciales qu'affectent les diverses parties des végétaux sont dues à des actions vitales et spontanées dont la cause immédiate se trouve dans l'influence qu'exercent sur la nervimotilité végétale deux agents extérieurs, la lumière et la cause inconnue de la pesanteur. Si nous pouvions imiter les procédés de la nature, si nous pouvions employer des agents nervimoteurs différents de ceux qu'elle met en usage pour déterminer ces directions spéciales et spontanées des végétaux, cela nous mettrait à même de déterminer quel est le mode d'action de ces agents sur la nervimotilité végétale. Deux naturalistes, MM. Hunter et Knight, ont déjà tenté ce genre d'expériences ; ils ont voulu voir ce qui arriverait à des graines qui, soumises à un mouvement de rotation continuel, présenteraient ainsi leur radicule et leur plumule, chacune successivement au ciel et à la terre. Hunter mit une fève au centre d'un baril plein de terre et qui était animé d'un mouvement continuel de rotation sur son axe horizontal : la radicule se dirigea dans le sens de l'axe de la rotation du baril. M. Knight[1] fixa des graines de haricots à la circonférence d'une roue de onze pouces de diamètre, laquelle, mue continuellement par l'eau dans un plan vertical, faisait cent cinquante révolutions par minute. Il résulta de cette expérience que chaque graine dirigea sa radicule et sa plumule dans le sens des rayons de la roue; les radicules tendirent vers la circonférence et les plumules vers le centre. M. Knight répéta la même expérience avec une roue de semblable diamètre et qui était mue dans un plan horizontal; elle faisait deux cent cinquante révolutions par minute. Toutes les radicules se dirigèrent encore vers la circonférence et les plumules vers le centre, mais avec une inclinaison de 10 degrés des radicules vers la terre et des plumules vers le ciel. En réduisant à quatre-vingts révolutions par minute la vitesse de rotation de cette roue horizontale, l'inclinaison des radicules vers la terre, et des plumules vers le ciel, devint de 45 degrés. Ces expériences sont extrêmement intéressantes, en ce qu'elles démontrent qu'il existe des moyens d'occasioner artificiellement chez les plantes des directions différentes de celles qu'elles prennent naturellement. Je résolus de répéter ces expériences et de les varier; mais comme je ne pouvais disposer d'un appareil mu par l'eau sans interruption, je pris le parti de faire construire un mouvement d'horlogerie assez semblable à un tournebroche. Il est mu par un poids de deux cent soixante-dix livres, que l'on remonte de douze

---

[1] *Philosophical Transactions of the royal Society of London*, 1806.

heures en douze heures; son mouvement est réglé par un régulateur ou volant, dont la rotation s'opère dans le sens horizontal : les roues verticales, qui sont au nombre de cinq, prolongent leurs axes de chaque côté au-delà des montants qui les supportent; ces prolongements des axes sont carrés, en sorte qu'il est facile d'y adapter une roue de bois, à la circonférence ou au centre de laquelle je place les graines dont je veux observer la germination. Je place ces graines dans des ballons de verre munis de deux ouvertures diamétralement opposées, et que je ferme avec des bouchons après y avoir introduit la quantité d'eau nécessaire pour la végétation des embryons des graines. Celles-ci sont enfilées par leurs enveloppes, ou leurs cotylédons, au moyen de deux fils de cuivre extrêmement déliés, dont les extrémités sont fixées de part et d'autre aux bouchons qui ferment les deux ouvertures des ballons de verre. Ceux-ci sont ensuite fixés d'une manière solide à la roue avec laquelle ils doivent se mouvoir; de cette manière, les graines transportent avec elles dans leur mouvement circulaire l'eau nécessaire à leur germination; les ballons de verre au milieu desquels elles sont fixées d'une manière invariable, ont l'avantage de les soustraire à l'influence de toute action mécanique de la part du milieu dans lequel le mouvement s'opère. Le fil de cuivre dont je me sers pour fixer les graines dans l'intérieur des ballons de verre est le plus fin que l'on emploie pour envelopper en spirale des cordes d'instruments.

J'ai pris des graines de pois (*pisum sativum*) et

des graines de vesce (*vicia sativa*) qui commençaient à germer; je les ai placées, suivant le procédé décrit plus haut, dans des ballons de verre que j'ai fixés à la circonférence d'une roue d'un mètre de diamètre, qui faisait quarante révolutions par minute. Le résultat de cette expérience fut que toutes les radicules se dirigèrent vers la circonférence, et que toutes les plumules se dirigèrent vers le centre de la rotation; les radicules, qui s'étaient trouvé originairement tournées vers le centre, se retournèrent vers la circonférence; les plumules se courbèrent de même pour se diriger vers le centre. Cette expérience, répétée plusieurs fois, m'a donné constamment le même résultat, qui est également celui qui a été obtenu par M. Knight.

A l'exemple de M. Knight, j'ai voulu éprouver l'effet que produirait sur les graines en germination une rotation rapide, opérée dans un plan horizontal; pour cela, j'ai remplacé le régulateur ou volant de mon mouvement d'horlogerie par une règle de bois, à chacune des extrémités de laquelle j'ai attaché solidement un petit ballon de verre contenant des graines de vesce, fixées dans son intérieur, comme je l'ai dit plus haut, au moyen de deux fils de cuivre; cette règle formait un diamètre de 38 centimètres de longueur, elle faisait cent vingt révolutions par minute. Les radicules et les plumules se dirigèrent dans un sens parfaitement horizontal, les premières vers la circonférence, et les secondes vers le centre. Ici les graines n'avaient point cessé d'être soumises à la cause qui, dans l'état naturel, préside à la direction perpendiculaire de la plumule et de la radicule; mais cette cause naturelle avait été surpassée en énergie par la cause artificielle employée dans cette circonstance, c'est-à-dire par la force centrifuge qui résultait de la rotation rapide. M. Knight n'avait pas obtenu un résultat aussi complet de son expérience sur les graines de haricots soumises au mouvement de rotation horizontale, puisqu'elles avaient conservé un peu de leur tendance verticale; cependant la force centrifuge à laquelle elles étaient soumises était plus considérable qu'elle ne l'était dans mon expérience, puisque sa roue, qui avait 11 pouces anglais (ou 28 centimètres) de diamètre, faisait deux cent cinquante révolutions par minute. Cette différence dans le résultat dépend entièrement de la nature des graines soumises à l'expérience. J'ai éprouvé que l'embryon de la graine de vesce est beaucoup plus facile à influencer pour sa direction que ne le sont les embryons beaucoup plus gros des graines de haricots ou de pois; aussi est-ce presque toujours avec des graines de vesce que j'ai fait mes expériences. J'ai placé un certain nombre de ces graines dans un ballon de verre, dont elles occupaient le diamètre intérieur, fixées, comme à l'ordinaire, dans cette place au moyen de deux fils de cuivre qui enfilaient leurs enveloppes. J'ai attaché ce ballon de verre sur une petite planche que j'ai adaptée au pivot du volant horizontal de mon mouvement d'horlogerie, en remplacement de ce volant; cet appareil faisait deux cent cinquante révolutions par minute; le centre de la rotation répondait au milieu de cette série longitudinale et horizontale de graines; une de ces dernières était située aussi exactement que possible au centre même; cependant la radicule de celle-ci se trouva décrire un cercle extrêmement petit, car je ne pense pas qu'il eût, dans l'origine, plus d'un à deux millimètres de rayon. Cette radicule se dirigea vers la circonférence, dans un sens parfaitement horizontal; la plumule s'éleva verticalement vers le ciel; les radicules des autres graines, qui étaient plus éloignées du centre, se dirigèrent à plus forte raison dans une horizontalité parfaite vers la circonférence; leurs plumules se dirigèrent toutes vers le centre, mais avec différents degrés d'inclinaison par rapport à l'horizon: celles qui étaient à plus de deux centimètres du centre dirigèrent leurs plumules vers ce dernier avec une horizontalité parfaite; celles qui étaient situées plus près du centre s'en approchèrent en se dirigeant obliquement vers le ciel; enfin, toutes les plumules ayant continué de s'accroître, se réunirent en faisceau au centre, où elles prirent toutes une direction verticale vers le ciel. Je répétai cette expérience avec des graines germées, dont je dirigeai la radicule vers la terre; au bout de quelques heures de rotation, les radicules abandonnèrent cette direction naturelle, et, se courbant vers la circonférence, se placèrent dans une situation horizontale.

La rotation horizontale la plus lente qu'il m'ait été possible d'obtenir avec mon mouvement d'horlogerie a été de cinquante-quatre révolutions par minute. Les graines de vesce soumises à cette rotation ont incliné leur radicule vers la terre, dans une position oblique, éloignée d'environ 45 degrés de la ligne verticale, et dirigée vers la circonférence; les plumules ont affecté le même degré d'inclinaison vers le centre, en montant obliquement vers le ciel. Ces expériences démontrent deux faits généraux, savoir, 1° que la radicule, dans l'action spontanée au moyen de laquelle elle se dirige, *obéit* au mouvement ou à la tendance qui l'influence; en effet, soumise au mouvement de rotation, la radicule se dirige dans le sens de la tendance centrifuge qui naît du mouvement circulaire, c'est-à-dire qu'elle prend la direction du rayon, en s'avançant vers la circonférence; 2° que la plumule, dans l'action spontanée au moyen de laquelle elle se dirige, *réagit* contre le mouvement ou la tendance qui l'influence; en effet, soumise au mouvement de rotation, la plumule se dirige dans le sens diamétralement opposé à celui de la tendance centrifuge qui naît du mouvement circulaire, c'est-à-dire qu'elle prend la direction du rayon en s'avançant vers le centre.

Après avoir répété et vérifié les expériences de M. Knight, j'ai voulu essayer de reproduire l'expérience de Hunter, qui a vu qu'en faisant tourner une graine sur elle-même, la radicule se dirigeait dans le sens de l'axe de la rotation; cette observation fort incomplète méritait d'être suivie. J'ai placé un ballon de verre, contenant des graines de vesce, au centre d'une roue qui faisait quarante révolutions par minute; j'avais fait en sorte que la série longitudinale des graines, que maintenaient les deux fils de cuivre, fut située aussi exactement que possible sur le prolongement de l'axe de rotation, lequel était dirigé à peu près du nord-est au sud-ouest. Les radicules et les plumules se dirigèrent également selon l'axe de rotation, mais dans des sens diamétralement opposés; les radicules s'avancèrent vers le sud-ouest et les plumules vers le nord-est. Le même effet eut lieu avec tous les degrés de vitesse de rotation qu'il me fut possible d'employer, ce qui me prouva que ce phénomène ne dépendait point du tout du degré de cette vitesse. Je pensai que cette direction spéciale de la plumule et de la radicule pouvait provenir du sens dans lequel la rotation s'opérait; je répétai donc mon expérience en faisant tourner la roue dans le sens opposé à celui dans lequel sa rotation s'opérait précédemment; mais le résultat ne varia point: les radicules se dirigèrent constamment vers le sud-ouest, et les plumules avec le nord-est. Je ne savais à quelle cause attribuer cette direction spéciale de la radicule et de la plumule, lorsqu'il me vint dans l'idée de m'assurer de l'horizontalité de l'axe de ma roue; je lui appliquai un niveau, et je vis qu'il inclinait vers le sud-ouest d'une quantité que je trouvai être d'un degré et demi. Cette inclinaison, quoique légère, me parut devoir être la cause de la direction spéciale des caudex séminaux; pour m'en assurer, je penchai légèrement mon mouvement d'horlogerie, en inclinant les axes des roues vers le nord-est, et dans cette position je recommençai mon expérience. Alors les directions précédentes de la plumule et de la ra-

10

dicule furent interverties : les radicules se dirigèrent vers le nord-est, et les plumules vers le sud-ouest. Ainsi, il me fut démontré que la radicule se dirige vers le côté déclive de l'axe dont elle suit la pente en descendant, et que la plumule, au contraire, se dirige vers le côté ascendant de l'axe dont elle suit la pente en remontant. Il est évident que, dans cette circonstance, la plumule et la radicule subissent l'influence de la cause qui les sollicite dans l'état naturel; mais ne pouvant, à cause de la rotation continuelle, monter et descendre verticalement, elles montent et descendent par une ligne inclinée. Après m'être éclairci sur ce point, j'ai voulu voir ce qui arriverait en plaçant l'axe dans une horizontalité parfaite, et j'ai vu qu'alors la plumule et la radicule se sont dirigées comme les deux rayons d'un même diamètre d'un cercle vertical dont la graine occupait le centre. Ayant répété plusieurs fois de suite la même expérience, je vis que les caudex séminaux se dirigeaient constamment dans le sens d'un diamètre toujours le même, et que, par conséquent, la plumule tendait constamment vers un point déterminé de la circonférence de la roue au centre de laquelle la graine était fixée, et que la radicule tendait constamment vers le point diamétralement opposé, et toujours le même de cette circonférence. J'ai cherché, sans succès, pendant fort long-temps, la cause de cette tendance spéciale, et je l'ai enfin trouvée en observant des graines en germination soumises à un mouvement très lent de rotation. J'avais fixé deux ballons de verre, contenant comme à l'ordinaire des graines de vesce prêtes à germer, à la circonférence d'une roue de deux décimètres de rayon qui faisait trente révolutions par heure; un autre ballon de verre semblable était placé au centre de cette même roue, dont l'axe de rotation était parfaitement horizontal. Les radicules, dans ces trois ballons de verre, prirent une même direction, c'est-à-dire qu'elles se dirigèrent suivant des lignes toutes parallèles entre elles ; les plumules prirent généralement une direction diamétralement opposée à celle des radicules. De cette manière, les graines situées au centre de la roue avaient leurs radicules dirigées selon l'un des rayons de cette roue, tandis que les graines situées à la circonférence avaient leurs radicules dirigées parallèlement à ce même rayon et du même côté. Les réflexions que je fis sur ce phénomène me conduisirent à penser qu'il y avait de l'inégalité dans le mouvement de la roue, c'est-à-dire qu'il y avait un des points de cette roue qui marchait vite pendant une demi-révolution, et qui marchait plus lentement pendant l'autre demi-révolution. Comme chaque révolution s'exécutait dans l'espace de deux minutes, il me fut facile de mesurer et de comparer entre elles les diverses parties de cette révolution, au moyen d'un pendule qui marquait les demi-secondes. Je trouvai de cette manière que ce que j'avais soupçonné avait lieu effectivement; la rotation de la roue n'était point uniforme. Celui des points de sa circonférence pour lequel cette inégalité de mouvement était la plus marquée parcourait l'une de ses deux demi-révolutions, observée en partant d'un point déterminé, en soixante-six secondes, et l'autre demi-révolution en cinquante-quatre secondes; en sorte que les temps dans lesquels s'opéraient ces deux demi-révolutions étaient entre eux comme onze est à neuf. Or, les caudex séminaux étaient tous perpendiculaires à celui des diamètres de la roue qui, en raison de l'inégalité de la rotation, restait le plus long-temps exposé à l'influence de la pesanteur par l'un de ses côtés ou *flancs* pendant une demi-révolution, et le moins long-temps exposé à cette même influence par le *flanc* opposé pendant l'autre demi-révolution. Les radicules étaient perpendiculaires au côté ou *flanc* le plus long-temps tourné vers la terre, et les plumules se dirigeaient perpendiculairement sur le côté ou *flanc* opposé, lequel était le plus long-temps tourné vers le ciel; ainsi, dans cette circonstance, les caudex séminaux se dirigeaient sous l'influence de la pesanteur à laquelle ils étaient incomplètement soustraits à cause de l'inégalité du mouvement de rotation. Cette inégalité du mouvement provenait de la construction défectueuse de mon mouvement d'horlogerie, qui avait été confectionné par un serrurier fabricant de tournebroches. Quelques tentatives que j'aie faites, il m'a été impossible de corriger ce défaut, et d'obtenir un mouvement de rotation parfaitement égal; en revanche, il m'a été facile de rendre la rotation de mes roues plus inégale qu'elle ne l'était, en les chargeant aux deux extrémités d'un même diamètre de ballons de verre d'inégale pesanteur, de manière cependant à ce que le mouvement de rotation ne fût pas arrêté par une trop forte inégalité de poids entre ces ballons. J'ai pleinement confirmé de cette manière les résultats de l'expérience précédente. Lorsque le ballon le plus pesant parcourait sa demi-révolution en descendant, son excès de poids s'ajoutait à la force motrice et accélérait le mouvement : lorsqu'au contraire ce même ballon parcourait sa demi-révolution en remontant, son excès de poids diminuait la force motrice et retardait le mouvement. Il résultait de là que le diamètre sur lequel étaient placés ces deux ballons présentait ses deux *flancs* à la terre pendant des espaces de temps inégaux : lorsque, par exemple, le ballon le plus pesant était au point le plus déclive de sa révolution, il commençait à parcourir lentement sa demi-révolution ascendante, et le diamètre sur lequel il était placé présentait pendant long-temps à la terre l'un de ses flancs, et cela sous tous les degrés successifs d'inclinaison jusqu'à ce que le ballon pesant eût gagné le point le plus élevé de la révolution. A partir de ce moment, le ballon pesant parcourait rapidement sa demi-révolution descendante, et le diamètre sur lequel il était placé présentait, pendant peu de temps, à la terre son autre *flanc* sous tous les degrés d'inclinaison. Il résultait de là que ces deux flancs opposés du diamètre dont il est ici question étaient dirigés vers la terre pendant des temps inégaux, et que, par conséquent, la pesanteur devait agir sur les embryons séminaux avec une force proportionnelle à cette différence de temps. La direction des caudex séminaux devait, dans cette circonstance, être la ligne moyenne entre toutes les inclinaisons sous lesquelles le flanc du diamètre se présentait à la terre, c'est-à-dire que les caudex séminaux devaient être perpendiculaires au diamètre dont il s'agit : c'est aussi ce que l'expérience m'a prouvé. Ainsi, en observant l'appareil lorsque le ballon pesant parcourait sa demi-révolution ascendante, et au moment où le diamètre sur lequel il était situé était horizontal, on voyait toutes les radicules dirigées verticalement vers le centre de la terre, et toutes les plumules dirigées verticalement vers le ciel. Il n'y avait ainsi qu'une seule et même direction pour toutes les graines contenues dans les ballons dont la roue pouvait être chargée, soit à son centre, soit à sa circonférence. Ainsi me fut dévoilée la cause de la direction, selon les deux rayons d'un même diamètre, d'un cercle vertical qu'affectaient les deux caudex séminaux de mes graines lorsqu'elles tournaient sur elles-mêmes ; l'axe étant parfaitement horizontal. Il m'était impossible d'apercevoir cette cause lorsque j'employais une rotation plus rapide, qui ne permettait pas de mesurer la durée des demi-révolutions, ni même de soupçonner leur inégalité ; aussi la recherche de ce phénomène m'a-t-elle entraîné dans des erreurs que je m'empresse ici de désavouer. J'avais cru apercevoir dans le principe que les secousses étaient la cause de la direction spéciale dont je viens d'exposer la cause véritable ; je soumis en conséquence des graines en germination et tournant sur elles-mêmes sur un axe horizontal, à des secousses régulières, opérées dans un sens toujours le même, au moyen d'un mécanisme particulier. Je vis que les radicules et les plumules des graines contenues dans cet appareil affectaient des directions constantes en rapport apparent avec la direction des secousses, et je n'hésitai point à admettre que le mouvement imprimé par secousses exerçait une influence déterminée sur la direction des caudex séminaux soustraits à l'influence de la pesanteur par leur rotation. Ce ne fut que long-temps après que je m'aperçus de mon erreur : la direction spéciale qu'affectaient les caudex séminaux, dans cette expérience, provenait uniquement d'une inégalité dans le mouvement de rotation; inégalité qui était produite par le mécanisme au moyen duquel je produisais les secousses, et qui, étant toujours la même, produisait des effets toujours semblables. L'expérience a ses déceptions comme l'imagination a ses illusions, et il est quelquefois bien difficile de s'y soustraire.

On voit, par les expériences qui viennent d'être rapportées, que lorsque la rotation est lente, les embryons séminaux qui l'éprouvent cessent de diriger leur radicule vers la circonférence et leur plumule vers le centre. Il me paraissait important de trouver quel est le degré de vitesse de rotation où cette direction spéciale cesse d'avoir lieu. Les expériences que j'ai faites sur cet objet ne m'ont rien appris de bien positif; d'abord parceque je n'ai pu essayer toutes les vitesses de mouvement; en second lieu, à cause de la construction défectueuse de mon mouvement d'horlogerie. Le mouvement le plus lent que j'aie pu obtenir avec ma roue la plus élevée a été de quinze révolutions par minute; les graines soumises à cette rotation avec un décimètre de rayon ont dirigé leurs radicules vers la circonférence et leur plumule vers le centre. Les graines parcouraient ici neuf mètres quatre décimètres par minute. Le mouvement le plus rapide de la roue immédiatement subjacente était de quatre révolutions par minute. J'ai soumis des graines à cette rotation, avec un rayon de cinq décimètres : ici les graines parcouraient douze mètres quatre décimètres par minute, par conséquent leur mouvement était plus rapide que dans l'expérience précédente; cependant la radicule ne se porta point vers la circonférence ni la plumule vers le centre; ces deux caudex se dirigèrent parallèlement à l'axe de rotation, lequel était incliné légèrement. La radicule se porta vers le côté déclive de l'axe et la plumule vers le côté ascendant; ce résultat, comme on le voit, est semblable à celui que j'avais obtenu en faisant tourner des graines sur elles-mêmes. Je recommençai l'expérience en plaçant l'axe dans une situation horizontale; alors les caudex séminaux affectèrent la direction particulière qui est produite par l'inégalité de la rotation; c'est-à-dire que toutes les radicules et toutes les plumules se dirigèrent perpendiculairement au même diamètre dans un plan vertical. Il me fut impossible de corriger cette inégalité de mouvement, dans la roue dont il est ici question; en sorte que je ne sais pas d'une manière bien positive quel est le degré de vitesse de mouvement rotatoire sous l'influence duquel la plumule cesse de se porter vers le centre et la radicule vers la circonférence; toutefois ces expériences pourraient porter à penser que la direction de la radicule vers la circonférence, et celle de la plumule vers le centre, seraient produites plutôt par le nombre des révolutions dans un temps donné, que par l'étendue du chemin parcouru par la graine dans le même temps; nous venons de voir en effet que des graines qui parcourent environ douze mètres par minute, en faisant quatre révolutions dans le même temps, ne dirigent point leur radicule vers la circonférence et leur plumule vers le centre, tandis que l'on observe cette double direction chez les graines qui ne parcourent qu'environ neuf mètres par minute, en faisant quinze révolutions dans le même temps. Mais ici il y a une observation importante à faire; la roue qui ne faisait que quatre révolutions par minute, éprouvait des *saccades* multipliées qui résultaient de l'engrenage des dents avec les pignons; ainsi son mouvement de rotation n'était point uniforme, c'était plutôt un transport circulaire opéré à des reprises multipliées. On conçoit que, dans cette circonstance, il ne devait point y avoir de force centrifuge; elle ne peut exister d'une manière sensible que dans un mouvement rotatoire continu; le même inconvénient n'existait pas lorsque j'employais la roue la plus élevée de mon mouvement d'horlogerie, à laquelle je pouvais faire exécuter depuis quinze jusqu'à quarante révolutions par minute, avec un rayon que je pouvais porter jusqu'à cinq décimètres; je supprimais son engrenage avec le volant. Les ballons de verre, situés sur leur roue verticale à long rayon, servaient alors de régulateurs pour le mouvement de rotation, qui était continu et complètement exempt de saccades. On conçoit que, dans cette circonstance, rien ne s'opposait au développement de la force centrifuge, et ceci explique d'où vient la différence qui a été signalée plus haut.

Lorsque le mouvement de rotation est lent, et que par conséquent la force centrifuge est insuffisante pour opérer la direction des caudex séminaux, ceux-ci subissent l'influence de la pesanteur, tantôt en se dirigeant parallèlement à l'axe, lorsque cet axe est incliné à l'horizon, tantôt en prenant la direction particulière qui résulte de l'inégalité de la rotation. Lorsque le mouvement rotatoire s'effectue avec une vitesse modérée, l'axe étant un peu incliné, et qu'en même temps la rotation est inégale, les caudex séminaux affectent des directions variées: tantôt on voit, par exemple, toutes les radicules affecter une direction semblable, qui est la direction moyenne résultant des trois forces qui les sollicitent, tantôt on voit ces radicules subir chacune en leur particulier l'influence exclusive de l'une quelconque de ces trois forces, sans qu'il soit possible de savoir d'où provient cette irrégularité dans ces effets, sous l'influence d'un même assemblage de causes. Les plumules sont, à cet égard, encore plus irrégulières que les radicules; il est rare que, dans cette circonstance, la plumule prenne la direction diamétralement opposée à celle de la radicule; souvent elle semble errer au hasard, souvent même elle se dirige dans le même sens que la radicule. Cela s'observe spécialement lorsque, la rotation étant fort lente, et l'axe étant horizontal, les caudex séminaux subissent seulement l'influence d'une faible inégalité dans le mouvement rotatoire.

Les deux caudex séminaux sont absolument indépendants l'un de l'autre pour leur direction; on peut supprimer l'un quelconque de ces deux caudex sans que le caudex opposé cesse pour cela d'affecter la direction qui lui est propre; cette direction spéciale n'appartient qu'à l'axe du végétal, lequel axe est représenté par l'assemblage rectiligne de la tigelle et de la radicule; j'ai vu, en effet, que les racines produites latéralement par la radicule pivotante n'éprouvent point, ou presque point, l'influence des causes qui déterminent la direction de cette dernière; aussi, ne se dirigent-elles point comme elle vers la circonférence lorsqu'elles sont soumises à une rotation rapide. La direction de ces racines latérales offre généralement une tendance à la perpendicularité sur la racine pivotante; cette observation est concordante avec celles que j'ai rapportées dans la section précédente; observations qui prouvent que les productions végétales tendent généralement à affecter une position perpendiculaire à celle de leur surface d'implantation; cela nous apprend pourquoi les racines latérales de beaucoup de végétaux, au lieu de s'enfoncer verticalement dans la terre, rampent horizontalement à peu de distance de sa surface.

Le procédé au moyen duquel j'ai fait mes expériences ne m'a pas permis de répéter une expérience très curieuse de M. Knight. Cet observateur ayant fixé des graines de haricot à la circonférence d'une roue de 11 pouces de diamètre que l'eau faisait mouvoir, observa le développement des tiges qui, en s'alongeant, gagnèrent le centre de la rotation : il avait eu soin de les attacher aux rayons de la roue ; sans cette précaution, ces tiges, grêles et flexibles, auraient été, ou brisées, ou déviées de leur direction par l'effet de leur pesanteur. Lorsque, par leur accroissement progressif, ces tiges eurent un peu dépassé le centre de la rotation, elles se recourbèrent et ramenèrent leurs sommets vers ce même centre, unique but de leur tendance constante. Si je n'ai pu répéter cette expérience, en revanche il m'a été possible d'en faire plusieurs autres que M. Knight ne pouvait pas entreprendre avec son appareil. J'ai voulu voir si les feuilles étaient susceptibles d'affecter une direction spéciale sous l'influence d'un mouvement de rotation rapide. Cette expérience était facile à faire avec mon appareil ; il ne s'agissait que de renfermer des tiges munies de feuilles dans des ballons de verre, de les fixer solidement dans leur intérieur, et de soumettre ces ballons à un mouvement de rotation rapide. Je plaçai donc dans un ballon de verre une tige de *convolvulus arvensis*, munie de quatre feuilles ; j'avais choisi pour cet effet les feuilles les plus petites qu'il m'avait été possible de trouver, afin de pouvoir employer des ballons de verre d'une médiocre dimension, et, par conséquent, afin d'obtenir une rotation rapide, à laquelle il m'eût été impossible de soumettre des ballons volumineux, à cause de leur pesanteur. La tige grêle et flexible du convolvulus était attachée avec un fil à une tige de fer de peu de grosseur, que j'introduisis ensuite dans le ballon de verre, et dont je fixai les deux extrémités aux ouvertures opposées de ce ballon, dans lequel je mis seulement une ou deux cuillerées d'eau. Un second ballon de verre fut préparé de la même manière, et je plaçai ces deux ballons aux deux extrémités d'un même diamètre, sur une roue qui avait cinq décimètres de rayon, et qui faisait quarante révolutions par minute. Les tiges des plantes étaient perpendiculaires au plan de la roue, en sorte que pendant la rotation elles étaient toujours dans une situation horizontale ; ainsi elles ne touchaient point à l'eau, qui occupait toujours la partie la plus déclive des ballons de verre ; les feuilles n'y touchaient point non plus, cependant elles ne tardèrent point à être mouillées par l'eau vaporisée dans l'intérieur des ballons qui étaient hermétiquement bouchés, et cela suffit pour entretenir leur vie et leur fraîcheur. Les feuilles placées au hasard affectaient des directions variées par rapport au plan de rotation. Au bout de dix-huit heures, toutes les feuilles soumises à l'expérience avaient dirigé leur face supérieure vers le centre de la rotation, et par conséquent leur face inférieure se trouva dirigée vers la circonférence. Ce retournement s'était opéré au moyen de la torsion ou de l'inflexion des pétioles. Je répétai cette expérience avec les feuilles à long pétiole du fraisier (*fragaria vesca*) et de la violette (*viola odorata*); je choisis pour cela les plus petites feuilles qu'il me fût possible de trouver, et n'en laissant que deux sur chaque pied, auquel j'avais conservé la racine, j'attachai cette dernière avec un fil à la tige de fer, que je plaçai ensuite dans l'intérieur de mes deux ballons de verre, disposés comme dans l'expérience précédente. Au bout de vingt-quatre heures de rotation par un temps très chaud, toutes les feuilles avaient dirigé leur face supérieure vers le centre, et par conséquent leur face inférieure vers la circonférence. J'observai ici un phénomène de plus que dans l'expérience précédente, c'est que les feuilles s'étaient rapprochées du centre au moyen de l'inflexion et de la tendance du sommet de leur pétiole vers ce point. Ce phénomène, entièrement vital, est tout-à-fait contraire aux lois ordinaires du mouvement; car, en soumettant au même mouvement de rotation un corps aussi pesant que le limbe de la feuille suspendu à un fil, ce corps se porterait vers la circonférence, en vertu de la force centrifuge. Il résulte de ces expériences que les deux faces opposées des feuilles possèdent des conditions vitales opposées dans leur nature, comme cela a lieu pour la plumule et la radicule des embryons séminaux. La face supérieure des feuilles possède les conditions vitales de la plumule, et se dirige comme elle vers le centre : la face inférieure des feuilles possède les conditions vitales de la radicule, et se dirige comme elle vers la circonférence. Ainsi, la face inférieure des feuilles *obéit*, comme la radicule, au mouvement ou à la tendance qui l'influence ; leur face supérieure, au contraire, *réagit*, comme la plumule, contre ce mouvement ou contre cette tendance. Cela explique pourquoi les feuilles dirigent ordinairement leur face supérieure vers la lumière, c'est-à-dire dans le sens diamétralement opposé à celui du mouvement de cet agent, et pourquoi leur face inférieure fuit la lumière, c'est-à-dire se dirige dans le sens même du mouvement de cet agent ; il y a *obéissance* au mouvement dans la face inférieure, et *réaction* contre le mouvement dans la face supérieure. Si les feuilles se retournent aussi dans la plus profonde obscurité, cela provient évidemment de ce que la feuille est également en rapport avec la cause inconnue de la gravitation, dont la tendance de haut en bas détermine une *obéissance* de la part de la face inférieure, et une *réaction* de la part de la face supérieure. Ainsi, on peut établir comme un fait général que c'est le mouvement, ou la tendance au mouvement dans un sens déterminé, qui provoque la direction opposée des tiges et des racines et la direction opposée des deux faces des feuilles. C'est la gravitation, c'est la tendance en ligne droite vers le centre de la terre qui provoque l'ascension des tiges et le mouvement descendant des racines ; c'est le mouvement en ligne droite de la lumière qui provoque la direction des tiges et de la face supérieure des feuilles et des fleurs vers le lieu duquel cette lumière arrive, et qui porte en même temps la face inférieure des feuilles et des fleurs, de même que la radicule du gui à s'éloigner du lieu duquel la lumière émane.

J'ai fait voir, dans la section précédente, que les pétales des fleurs se comportent de la même manière que les feuilles; dans les directions spéciales qu'ils affectent, c'est toujours leur face la plus colorée qui se dirige vers la lumière. J'ai dit que lorsque les fleurs avaient habituellement leur face supérieure, ou plutôt leur partie intérieure dirigée vers la terre, cela provenait le plus souvent, moins de la faiblesse du pédoncule qui se ployait sous le poids de la fleur, que d'une tendance spéciale de la face intérieure de la fleur vers la terre. Pour m'assurer de la validité de cette opinion, j'ai soumis à une rotation rapide des tiges de bourrache chargées de fleurs et renfermées dans des ballons de verre. On sait que les fleurs de cette plante ont toujours leur face intérieure dirigée vers la terre; or l'extrême légèreté de ces fleurs ne permettait guère de croire que cet effet pût être dû à leur poids, sous lequel le pédoncule se fléchirait. Dans l'expérience dont il s'agit, il y avait trente-six révolutions par minute et trente-deux centimètres de rayon. Au bout de seize heures de rotation toutes les fleurs avaient dirigé leur face intérieure vers la circonférence, et cela au moyen de la torsion ou de l'inflexion des pédoncules; cette expérience me prouva que la direction de la face intérieure des fleurs de bourrache vers la terre est le résultat d'une tendance spéciale pareille à celle de la radicule et à celle de la face inférieure des feuilles. Cependant cette face intérieure de la corolle de la bourrache ne paraît pas inférieure en coloration à la face opposée; j'attribue donc la direction vers la terre qu'elle présente constamment à l'existence dans cette corolle d'un nectaire incolore (*phycostéme* de M. Turpin). Cet organe, incolore comme une racine, affecte, par cela même, une direction semblable, et produit la direction de la face intérieure de la corolle vers la terre dans l'état naturel, et vers la circonférence dans l'expérience précédente.

J'ai démontré plus haut, par des expériences décisives, que ce sont des mouvements spontanés qui opèrent la direction spéciale des caudex séminaux, ainsi que le retournement des feuilles; j'ai fait voir que ces mouvements spontanés sont exécutés à l'occasion de l'influence de certains agents extérieurs sur la nervimotilité des végétaux. Or nous voyons que sous l'influence d'un même agent nervimoteur la plumule et la radicule se dirigent dans des sens diamétralement opposés; ces deux parties, opposées par leur position, ont donc une nervimotilité différente, sinon dans sa nature, du moins dans quelques unes de ses conditions, puisque l'une tend à produire l'*obéissance* et l'autre la *réaction*, par rapport à un agent nervimoteur qui ne varie point. Il y a une nervimotilité, principe d'obéissance, et une nervimotilité, principe de réaction; ces deux modes opposés de la nervimotilité se trouvant placés dans des parties diamétralement opposées, nous ne pouvons nous dispenser de reconnaître là un phénomène tout-à-fait analogue à ce que l'on nomme la polarisation en physique. La nervimotilité, ou plutôt son agent inconnu, offre véritablement deux pôles chez les végétaux; les racines sont le siége du pôle *obéissant*, les tiges sont le siége du pôle *réagissant*. Ces mêmes pôles sont placés sur les deux faces opposées des feuilles : le *pôle réagissant* est placé sur la face qui se dirige ordinairement vers la lumière et vers le ciel; le *pôle obéissant* est placé sur la face qui se dirige vers la terre. Nous avons vu, dans la section précédente, que la différence de direction de ces parties, qui sont ici considérées comme des pôles différents, coïncide constamment avec une différence *en plus* et *en moins* de la coloration de ces parties. Le pôle obéissant est toujours inférieur en coloration au pôle réagissant ; il y a par conséquent chez l'un excès de certaines conditions qui sont en moins chez l'autre; je suis porté à penser que ces différences visibles en plus et en moins coïncident avec des différences semblables, c'est-à-dire *en plus* et *en moins*, dans les conditions de la nervimotilité.

SECTION V.

OBSERVATIONS SUR LA STRUCTURE INTIME DES SYSTÈMES NERVEUX ET MUSCULAIRE, ET SUR LE MÉCANISME DE LA CONTRACTION CHEZ LES ANIMAUX [1].

L'étude de la physiologie végétale est presque généralement négligée par ceux qui s'occupent de la science des animaux; il est rare de même que les botanistes cultivent la physiologie animale. La science générale de la vie ne peut que perdre à cet isolement de deux sciences qui n'en font véritablement qu'une, et qui doivent mutuellement se fournir des lumières et se prêter des secours; car il est des problèmes de la physiologie animale dont on ne peut trouver la solution que dans l'étude des végétaux, et réciproquement il est des mystères de l'organisation végétale qui ne peuvent être dévoilés que par l'étude comparative de l'organisation animale. Nous avons déjà eu lieu de nous convaincre de cette vérité en étudiant l'anatomie de la sensitive : sans le secours de l'anatomie microscopique animale, la nature des organes que nous avons considérés comme nerveux dans cette plante

---

[1] Les résultats généraux des observations contenues dans cette section ont été communiqués à la Société philomatique, dans sa séance du 6 décembre 1825.

nous eût été totalement inconnue. Actuellement nous allons porter nos recherches sur le phénomène de l'irritabilité animale, et nous serons puissamment aidés dans cette investigation par les notions que nous avons précédemment acquises sur l'irritabilité végétale; mais avant de nous livrer à cette étude il est nécessaire de connaître la structure intime des systèmes nerveux et musculaire.

Le système nerveux des animaux, observé dans ses éléments microscopiques, est essentiellement composé de corpuscules globuleux agglomérés; cette organisation est connue depuis long-temps par les recherches de Leuwenhoeck, par celles de Prochaska, et de Fontana; par les observations de sir Everard Home, de Bauer, des frères Wensel, et en dernier lieu par les observations de M. Milne Edwards. Ces corpuscules globuleux paraissent être des cellules d'une excessive petitesse, lesquels contiennent une substance médullaire ou nerveuse, substance qui est concrescible par l'action de la chaleur et par celle des acides. Cette opinion a été émise par sir Everard Home[1], qui l'a empruntée à MM. Joseph et Charles Wensel[2]; on ne pourra se dispenser de l'adopter quand on aura jeté les yeux sur la structure microscopique du cerveau des mollusques gastéropodes.

Le cerveau des mollusques gastéropodes, comme on le sait, est composé de deux *hémisphères*, si toutefois on peut donner ce nom aux deux parties

[1] *Philosophical Transactions*, 1818.
[2] *De penitiore structura cerebri hominis et brutorum.*

dont se compose ce corps symétrique. De ces deux hémisphères partent deux cordons nerveux qui embrassent l'œsophage, et se réunissent pour former un ganglion. Le cerveau est enveloppé par une membrane fibreuse dont on peut le dépouiller avec la pointe d'une aiguille et des pinces très fines; on obtient de cette manière le petit noyau pulpeux qui occupe le centre de chacun des hémisphères; cette opération, étant fort délicate, ne peut guère être faite que sur les grosses espèces; aussi est-ce exclusivement sur l'*helix pomatia*, et sur le *limax rufus* que j'ai fait ces observations. Les deux petits noyaux pulpeux qui composent essentiellement le cerveau de ces mollusques doivent être placés dans l'eau pour les examiner au microscope; car on ne peut faire d'observations délicates sur les tissus organiques qu'en les observant dans ce fluide ; c'est ainsi que j'ai fait la plupart de mes observations microscopiques; je dois en outre prévenir les observateurs qui seraient curieux de les répéter, qu'ils ne doivent point se servir du microscope composé, mais du microscope simple, qui seul peut procurer une vision très nette et très distincte. Cette supériorité du microscope simple, sur le meilleur microscope composé, est connue depuis long-temps, mais je ne la croyais pas aussi considérable qu'elle l'est réellement; des lentilles de trois lignes à une ligne de foyer suffisent pour faire la plupart des observations qui vont être exposées, et auxquelles je m'empresse de revenir après petite digression.

Le petit noyau pulpeux qui forme chacun des hémisphères du cerveau, chez le *limax rufus* et chez l'*helix pomatia*, est composé de cellules globuleuses, agglomérées, sur les parois desquelles on voit une grande quantité de corpuscules globuleux ou ovoïdes, comme on le voit dans la figure 20. Ces corpuscules globuleux sont très évidemment de petites cellules remplies d'une substance médullaire ou nerveuse, demi-transparente, et cependant très sensiblement de couleur blanche. Les cellules globuleuses sur les parois desquelles ces corpuscules sont placés contiennent de même une substance médullaire nerveuse, laquelle, autant qu'on en peut juger au microscope, est d'une couleur un peu grisâtre et demi-transparente : ainsi ces deux substances nerveuses sont analogues aux deux substances, grise et blanche que contient le cerveau des animaux vertébrés ; il n'y a de particulier ici que la manière dont ces deux substances sont disposées l'une relativement à l'autre ; la substance grise est contenue dans de grosses cellules globuleuses, la substance blanche est contenue dans de très petites cellules également globuleuses, et placées sur les parois des grosses cellules, auxquelles elles n'adhèrent que faiblement : elles s'en détachent assez facilement. Cette observation nous prouve que les corpuscules nerveux dont se compose le cerveau, et en général le système nerveux des animaux, sont véritablement des cellules remplies par la substance nerveuse proprement dite. Ces cellules sont adhérentes les unes aux autres, sans aucun *medium* apparent, ainsi que l'ont pensé MM. Wensel pour les corpuscules vésiculaires dont est composé le cerveau des animaux vertébrés.

Les nerfs de l'*helix pomatia* et *grisea* offrent extérieurement une tunique celluleuse assez épaisse et demi-transparente; les cellules agglomérées qui composent cette tunique sont globuleuses et contiennent un fluide diaphane et incolore; les parois de ces cellules contiennent des corpuscules également diaphanes, comme on le voit dans la figure 21, *a*. Cette organisation est, quant à la forme, tout-à-fait semblable à celle que nous venons d'observer dans le cerveau (fig. 20); mais elle en diffère essentiellement par l'apparence et par la nature de la substance qui est contenue dans les cellules. Au centre du canal que forme cette enveloppe celluleuse est le nerf proprement dit, dont le tissu est représenté en *b* (fig. 21). Ce tissu est composé d'une immense quantité de corpuscules nerveux d'une excessive petitesse, adhérents à deux sortes de fibres, les unes longitudinales, et qui sont les plus grosses, les autres, d'une prodigieuse ténuité, qui sont distribuées irrégulièrement dans les intervalles des précédentes. J'ai observé que le nerf *b* pénètre seul dans l'intérieur des organes auxquels il se distribue; l'enveloppe celluleuse *a* se continue avec une enveloppe analogue, qui revêt tous les organes.

Chez la grenouille, les nerfs sont composés de corpuscules nerveux, transparents, adhérents à des fibres longitudinales, également transparentes. Pour faire cette observation, il faut, avec la pointe d'une aiguille, diviser un nerf en filets aussi déliés qu'il est possible de le faire : de cette manière on sépare les fibres nerveuses les unes des autres. La figure 22 représente une seule de ces fibres considérablement grossie. Ces fibres paraissent être des tubes remplis d'un fluide diaphane; les corpuscules nerveux sont collés sur leur surface; la plupart du temps on ne voit d'une manière très distincte que les corpuscules qui sont situés sur les bords de la fibre, parcequ'ils forment une légère saillie qui aide à les distinguer; les corpuscules qui sont situés sur le milieu de la fibre s'aperçoivent plus difficilement, parceque leur transparence les confond avec la fibre, qui est transparente elle-même. Fontana [1] avait déjà annoncé que les nerfs sont composés d'un grand nombre de cylindres transparents; M. Milne Edwards pense que ces cylindres longitudinaux sont formés par la réunion d'un certain nombre de *fibres élémentaires*, qui elles-mêmes sont composées de globules placés à la file. Ici les illusions du microscope permettent difficilement de distinguer la vérité; cependant il m'a paru évident que ces cylindres longitudinaux ne sont point composés de *fibres élémentaires*, formées elles-mêmes de globules alignés, ainsi que le pense M. Milne Edwards, mais que ce sont des cylindres d'une substance diaphane dont la surface est hérissée de corpuscules globuleux, lesquels tantôt sont en

[1] *Traité du venin de la vipère.*

contact et placés à la file, tantôt sont séparés les uns des autres. Comme ils couvrent toute la surface du cylindre, on est porté, dans l'observation microscopique, à croire qu'ils le composent intérieurement. Ainsi les nerfs de la grenouille me paraissent composés de filets transparents, environnés de corpuscules nerveux : cette organisation est surtout évidente dans les nerfs de l'*helix pomatia* (fig. 21), ainsi que nous venons de le voir. Ici les fibres sont très distinctes des corpuscules globuleux qui les environnent. Cette manière de voir est d'ailleurs singulièrement confirmée par l'induction analogique, qui nous montre, chez les végétaux, les corpuscules globuleux garnissant la surface des cylindres tubuleux; nous allons voir d'ailleurs, chez les animaux, un autre exemple bien évident de cette disposition : je n'hésite donc point à considérer les nerfs comme composés de deux éléments organiques ; savoir, des cylindres diaphanes et des corpuscules globuleux qui les environnent de toutes parts.

Le cerveau de la grenouille est entièrement composé par une agglomération de corpuscules nerveux semblables à ceux qui existent dans les nerfs; quelques fibres diaphanes assez rares sont mêlées parmi ces corpuscules agglomérés : la figure 23 représente ce tissu intime du cerveau de la grenouille. Ainsi la substance du cerveau de ce reptile ne diffère de celle de ses nerfs que par une différente proportion des mêmes éléments organiques : les corpuscules nerveux abondent dans le cerveau, les fibres nerveuses y sont rares; c'est le contraire dans les nerfs, qui offrent des fibres nombreuses et très développées, tandis que les corpuscules nerveux y sont plus rares qu'ils ne le sont dans le cerveau.

Les inductions physiologiques que l'on peut tirer des observations précédentes sont extrêmement importantes; en effet, nous voyons d'un côté le cerveau, organe éminemment destiné à la production de la puissance nerveuse, être éminemment composé de corpuscules nerveux; nous voyons d'un autre côté que les nerfs, qui sont éminemment destinés à la transmission de la puissance nerveuse, ou de la *nervimotion*, sont éminemment composés de fibres nerveuses; cela nous donne droit de conclure que les corpuscules nerveux sont les organes producteurs de la puissance nerveuse, et que les fibres nerveuses sont destinées à la transmission de la nervimotion. Nous avons vu que, chez les végétaux, la nervimotion est transmise par l'intermédiaire du liquide séveux; cela peut faire penser que les fibres *nerveuses* des animaux sont des tubes remplis d'un liquide particulier, et que c'est par l'intermédiaire de ce liquide que s'opère la transmission de la nervimotion.

Les polypes, comme on sait, n'ont point de nerfs; ils sont composés d'une substance en apparence homogène; cependant, comme ils manifestent, par leurs mouvements, qu'ils éprouvent l'influence des agents du dehors, on doit penser qu'ils possèdent des organes nerveux. Effectivement, dans la pulpe transparente et en apparence homogène qui les compose le microscope fait apercevoir une grande quantité de granulations qui ressemblent tout-à-fait aux corpuscules nerveux des autres animaux, et encore plus à ceux des végétaux. Cette ressemblance peut autoriser à les reconnaître pour des organes nerveux épars dans tout le tissu organique : on se fera une idée de cette organisation en jetant les yeux sur la figure 24, qui représente un tronçon de l'un des bras d'une hydre. Ces corpuscules nerveux sont bien moins nombreux, et sont proportionnellement plus gros chez les polypes à bouquets (*vorticella convallaria*); ils occupent exclusivement la partie centrale des rameaux, comme on le voit dans la figure 29.

Les muscles, chez les animaux vertébrés, chez les crustacés et chez les insectes, sont composés de *fibres* ou de corps cylindriques filiformes auxquels on donne, par excellence, le nom de *fibres musculaires*. Ces fibres, comme chacun le sait, ont la propriété de se contracter, ou de se raccourcir dans le sens de leur longueur, en se ridant transversalement, et en devenant plus grosses qu'elles ne l'étaient dans leur état de relâchement. L'extrême petitesse de la fibre musculaire rend très difficile l'observation de sa structure intime. Leuwenhoeck [1] a cherché à observer cette structure chez divers quadrupèdes, chez les poissons et chez quelques crustacés. Le seul résultat de ses recherches est que la fibre musculaire est composée d'une grande quantité d'autres fibres

---

[1] *Transactions philosophiques*, 1674.

plus petites, lesquelles sont réunies en faisceau par une membrane enveloppante commune. Dans les premières observations qu'il publia sur cette matière il affirma que les fibres musculaires étaient composées de globules; mais quelques années après, il revint sur cette assertion, et déclara que c'était une erreur. Cependant Hook affirma avoir observé ces globules dans les fibres musculaires des écrevisses et des crabes; il considérait chaque fibre comme *composée de filaments semblables à des fils chargés de perles*. Leuwenhoeck, auquel il fit part de cette observation, la répéta et continua d'affirmer que ces globules n'étaient autre chose que les plis transversaux des fibres, et que cette apparence de petites boules était causée par la chute variée de la lumière sur ces plis plus ou moins élevés [1]. Dans cette circonstance Leuwenhoeck, malgré son grand talent pour les observations microscopiques, a méconnu une vérité qu'il avait d'abord entrevue; en effet, les observations rapportées par sir Everard Home [2] ne laissent point de doute à cet égard. Ces observations, qui sont dues à M. Bauer, et qui ont été faites sur les fibres musculaires de l'estomac humain, et sur celles du mouton, du lapin et du saumon, prouvent que ces fibres sont composées de globules placés à la suite les uns des autres, et qui sont de la grosseur des globules sanguins. Cette dé-

[1] Lettre à Hook, insérée dans la *Collection philosophique* de ce dernier.
[2] *Philosophical Transactions*, 1818.

couverte a été confirmée par les recherches de MM. Prevost et Dumas [1], qui affirment avoir vu la même chose chez les mammifères, les oiseaux et les poissons; mais malheureusement ils ne donnent aucun détail à cet égard. La même structure a été vue depuis par M. Milne Edwards. Ici je m'arrête un instant pour présenter une réflexion. Le mot *fibre* est peut-être un de ceux dont on a le plus abusé en anatomie, aussi ne représente-t-il aucune idée exacte; on donne, en général, ce nom à tous les corps organiques linéaires et très déliés. D'après cette définition, on voit que le mot fibre n'est, pour ainsi dire, qu'une expression provisoire dont on se sert en attendant que l'on connaisse exactement la nature véritable de l'organe linéaire que l'on désigne sous ce nom. Ce que l'on appelle proprement les *fibres musculaires* sont des corps cylindriques filiformes qui, par leur réunion en nombre immense, forment les muscles dont ils sont les parties intégrantes, mais ces fibres ne sont point des corps simples, elles ont une organisation intérieure qu'il est essentiel de dévoiler; c'est ce qu'ont tenté de faire les derniers observateurs que je viens de citer, et le résultat de leurs recherches a été que les *fibres musculaires* étaient composées de globules placés à la file. Ainsi voilà l'expression, *fibre musculaire*, employée par les anatomistes pour désigner des objets essentiellement différents, car il est évident que ce n'est pas de la fibre

[1] *Examen du sang*, etc.

musculaire intégrante que ces observateurs ont voulu parler, mais des organes filiformes qui s'observent dans le tissu intime de cette fibre, ou des fibres musculaires *constituantes*, si je puis employer cette expression; je crois donc que, pour rétablir l'ordre et la clarté dans cette discussion, il est nécessaire de réserver exclusivement le nom de *fibre musculaire* aux organes filiformes qui composent immédiatement les muscles, et de donner le nom de *fibrilles musculaires* aux organes filiformes plus petits que l'on observe dans le tissu intime des fibres musculaires, et dont on ne distingue point l'organisation; enfin, je propose de désigner les assemblages rectilignes de corpuscules globuleux que l'on observe dans le tissu intime des organes musculaires, par cette expression, *corpuscules musculaires articulés*.

Ce n'est point chez les animaux vertébrés qu'il est facile d'apercevoir la structure intime de la fibre musculaire, mais on la découvre assez facilement chez plusieurs animaux des classes inférieures, par exemple, chez l'écrevisse (*astacus fluviatilis*. Fab.). Pour faire cette observation, il faut prendre des fibres musculaires dans la queue de l'animal, et les diviser en parties extrêmement fines avec la pointe d'une aiguille; de cette manière, on met à découvert le tissu intérieur de ces fibres, et le microscope fait voir que ce tissu est composé de fibrilles transparentes disposées longitudinalement, et dans les intervalles desquelles il existe une grande quantité de globules transparents; ces globules sont tellement semblables par leur forme et par leur position aux corpuscules nerveux que couvrent les fibres nerveuses, que j'aurais pu être porté à leur donner le même nom, si des observations qui seront rapportées plus bas ne m'avaient éclairé sur la véritable nature de ces globules, que je désignerai sous le nom de *corpuscules musculaires*. Ces corpuscules, remplis d'un fluide diaphane, sont intercalés aux fibrilles et appliqués sur leur surface, à laquelle cependant ils ne paraissent adhérer que faiblement, car on aperçoit des fibrilles qui en sont entièrement dépourvues ; ce sont ces fibrilles et ces corpuscules musculaires qui constituent par leur assemblage le tissu de la fibre musculaire ; je désignerai ce tissu sous le nom de *tissu musculaire fibrillo-corpusculaire*.

Les muscles sont composés de fibres chez les animaux vertébrés, chez les crustacés et les insectes ; mais il n'en est pas de même chez les mollusques, du moins à en juger par les gastéropodes : chez eux, les muscles ne sont point composés de *fibres musculaires*, dans le sens que nous venons de donner à cette expression ; ils sont composés immédiatement de tissu musculaire *fibrillo-corpusculaire*. Cette organisation est très facile à voir chez *l'helix pomatia*; il faut prendre pour cela un des muscles fort allongés qui servent à rentrer l'animal dans sa coquille; on le place dans l'eau, et avec la pointe d'une aiguille on le divise en filets déliés que l'on soumet au microscope ; on voit que le corps du muscle est immédiatement composé de fibrilles transparentes qui portent des corpuscules musculaires, adhérents à leur surface. La figure 25 représente cette organisation. On voit très distinctement que les corpuscules musculaires ne ne font point corps avec les fibrilles; ils s'en détachent même assez facilement. Cette observation, très facile à faire, ne peut laisser aucun doute dans l'esprit de l'observateur, relativement à la position des corpuscules globuleux, à la surface des fibrilles qui, elles-mêmes, ne se présentent que comme des corps diaphanes homogènes; ce fait est complètement en harmonie avec ce que j'ai exposé plus haut touchant la structure de la fibre nerveuse, que j'ai considérée comme un corps cylindrique, diaphane et homogène, dont la surface est couverte de corpuscules globuleux; j'ai fait remarquer alors que cette organisation s'observe jusque dans le règne végétal.

Le cœur des animaux est, en général, l'organe musculaire dont l'organisation intime offre le moins de difficultés pour l'observation microscopique. Aussi est-ce sur le tissu de cet organe que j'ai spécialement fait mes observations; c'est surtout chez les animaux des classes inférieures que la structure intime du cœur est facile à voir. En général, on n'y rencontre point de *fibres musculaires* proprement dites, mais seulement des fibrilles et des corpuscules musculaires. Le cœur de l'écrevisse, par exemple, est entièrement composé de tissu musculaire fibrillo-corpusculaire; mais ici les corpuscules musculaires abondent et les fibrilles sont assez rares; de plus, les corpuscules musculaires, que nous n'avons encore observés que dans un ordre confus et sans aucun rapport immédiat entre eux, affectent ici la disposition en séries longitudinales; ils forment ce que je nomme des *corpuscules musculaires articulés*. C'est cette disposition des corpuscules en séries rectilignes qui a été observée par M. Bauer, par MM. Prevost et Dumas, et par M. Milne Edwards, chez d'autres animaux. J'indique ici le cœur de l'écrevisse comme l'un des organes musculaires où cette organisation est le plus facile à apercevoir.

Le cœur de la grenouille n'est point non plus composé de fibres musculaires proprement dites, comme le sont les autres muscles de ce reptile; il est immédiatement composé de tissu musculaire fibrillo-corpusculaire. La figure 27 représente ce tissu intime du cœur de la grenouille ; on voit qu'il est entièrement composé de fibrilles tortueuses extrêmement déliées et transparentes, dans les intervalles desquelles il existe une grande quantité de corpuscules musculaires transparents. Les fibrilles disparaissent tout-à-fait dans le cœur des mollusques gastéropodes; en effet, chez l'*helix pomatia* et chez le *limax rufus*, le cœur est entièrement composé de corpuscules musculaires agglomérés; ces corpuscules forment tantôt des séries longitudinales, tantôt des agrégats membraneux dans lesquels on ne distingue aucune disposition de ces corpuscules en ligne droite; leur ordre d'agrégation est tout-à-fait confus. Cette observation prouve que l'existence des fibrilles, et même celle des organes linéaires, en général, n'est pas indispensable pour le mouvement musculaire, puisque nous voyons ici ce mouvement exécuté par un tissu composé de corpuscules musculaires agrégés dans un ordre confus. Je donne à ce tissu musculaire, dans lequel il n'existe point de fibrilles, le nom de *tissu musculaire corpusculaire*. Il y a grande apparence que les fibrilles, dont on ne peut apercevoir la structure intime, sont composées de ce tissu musculaire corpusculaire, soit articulé, soit confus, mais d'une telle petitesse qu'il échappe à nos yeux armés des meilleurs microscopes.

Après avoir étudié la structure intime du tissu musculaire, j'ai fait plusieurs tentatives pour découvrir le mécanisme du mouvement qui lui est propre, c'est-à-dire du mouvement de contraction. Les insectes m'ont paru devoir se prêter avec plus de facilité que d'autres animaux à ce genre d'observations, parceque plusieurs d'entre eux ont leurs fibres musculaires complètement isolées les unes des autres; tel est, par exemple, le cerf-volant, *lucanus cervus*. Les fibres musculaires de cet insecte sont fort grosses, et ne sont point liées les unes aux autres par du tissu cellulaire. C'est à tort, pour le dire en passant, que l'on a prétendu que cette organisation était générale chez les insectes; chez la plupart d'entre eux, en effet, j'ai vu les fibres musculaires liées entre elles par du tissu cellulaire, comme cela a lieu chez les animaux des autres classes.

Pour observer au microscope la contraction des

fibres musculaires chez le cerf-volant, j'enlevais avec un rasoir une partie du corselet sur un de ces insectes vivant. De cette manière, je mettais à découvert les muscles du thorax, et je pouvais observer l'action de celles de leurs fibres qui n'avaient point perdu leurs points d'attache par cette opération. Je n'ai vu, dans cette observation, que ce qui est connu depuis long-temps; savoir, que les fibres musculaires, en se contractant, rentrent, pour ainsi dire, en elles-mêmes; elles deviennent plus grosses qu'elles ne l'étaient dans l'état de relâchement, et elles se couvrent en même temps de plis transversaux plus ou moins irréguliers. La figure 26 représente une de ces fibres musculaires du cerf-volant, la portion a est dans l'état de contraction, la portion b dans l'état de relâchement. On voit que les plis sont extrêmement rapprochés et multipliés sur la portion contractée, dont la grosseur est beaucoup plus considérable que ne l'est celle de la portion relâchée. J'ai répété ces observations sur les muscles du thorax de plusieurs autres insectes, et j'ai vu partout que les fibres musculaires se comportaient de la même manière. Ainsi il me fut démontré que le mouvement de contraction de la fibre dépend d'un mécanisme intérieur qu'il n'est point possible d'apercevoir dans ces organes, à cause de leur défaut de transparence. Je résolus donc de diriger mes recherches sur les organes musculaires qui n'ont point de *fibres*, mais dont le tissu, considéré dans son entier, est composé comme le sont intérieurement les fibres musculaires proprement dites ; nous venons de voir que telle était l'organisation du cœur chez les batraciens et chez les mollusques gastéropodes. Chez les premiers, le cœur est composé de tissu musculaire fibrillo-corpusculaire ; chez les seconds, cet organe est entièrement composé de tissu musculaire corpusculaire ; mais ici il existe pour l'observation une très grande difficulté. On ne peut observer au microscope le tissu du cœur de ces animaux que dans l'état de mort : en effet, cet organe étant toujours dépourvu de transparence, et d'ailleurs étant trop épais, ne peut être observé au microscope pendant la vie ; il faut, pour observer son tissu intime, qui est le siége du mouvement de contraction, il faut, dis-je, le lacinier en parcelles d'une extrême petitesse, qui cessent d'être vivantes par le seul fait de cette opération ; ainsi, il faut renoncer à observer au microscope la contraction du tissu intime des organes musculaires pendant la vie, mais il existe des moyens par lesquels on peut solliciter cette contraction dans les plus petites parcelles du tissu musculaire détaché de l'animal, et qui par conséquent n'est plus sous l'influence vitale de ce dernier. On sait, par exemple, que les acides provoquent énergiquement le mouvement de contraction tant pendant la vie qu'après la mort ; on connaît leur action styptique : nul doute que la contraction qu'ils produisent en pareils cas sur le corps vivant ne soit une action vitale. Il reste à déterminer si le mouvement qu'ils produisent dans les organes musculaires privés de la vie est aussi une contraction, et si le mécanisme de cette contraction est semblable à celui de la contraction musculaire vitale. Pour résoudre ce problème, j'ai fait l'expérience suivante : j'ai pris un muscle long de l'*helix pomatia*, je l'ai fixé solidement par l'une de ses extrémités, avec épingle, sur une lame de cire, puis l'ayant un peu alongé, pour détruire la contraction, je l'ai fixé, ainsi distendu, sur la lame de cire, au moyen d'une seconde épingle placée à son autre extrémité, et enfoncée dans la cire d'une manière peu solide, afin qu'elle pût s'arracher au moindre effort. J'ai couvert le muscle ainsi disposé d'une petite nappe d'eau, à laquelle j'ai ajouté ensuite une petite goutte d'acide nitrique. Un instant après cette addition le muscle s'est contracté, et a arraché l'épingle qui fixait peu solidement l'une de ses extrémités. Cette expérience me prouva que l'action des acides détermine, après la mort, dans le tissu musculaire, une contraction qui, par elle-même, ne diffère point de la contraction qui a lieu pendant la vie, mais qui en diffère seulement par sa cause déterminante. Cette similitude de l'action musculaire sous l'influence intérieure d'une cause vitale, et sous l'influence extérieure des acides me fut encore démontrée par l'expérience suivante : ayant mis à nu les muscles de la cuisse d'une grenouille vivante, j'en arrachai quelques fibres avec des pinces très fines. En examinant au microscope ces fibres, placées dans de l'eau, je les vis se courber et se pelotonner les unes sur les autres, comme auraient fait des vermisseaux. Ce mouvement des fibres était quelquefois assez rapide, d'autres fois il était d'une grande lenteur. Si dans ce dernier cas j'ajoutais une goutte d'acide à l'eau, je voyais à l'instant les fibres se ployer avec vivacité; ainsi, il est évident que l'influence des acides détermine dans les fibres musculaires des mouvements entièrement semblables à ceux qu'elles exécutent spontanément sous l'influence vitale. Je regarderai donc désormais cette proposition comme démontrée, et je reviens à la dernière expérience qui vient d'être exposée. Les fibres musculaires, séparées des muscles auxquels elles appartiennent, et plongées dans l'eau, tendent à se ployer ou à *s'incurver*. Ce mouvement est le résultat d'une propriété vitale particulière de la fibre; car il n'y a certainement là ni *sensation* déterminante de ce mouvement, ni *volonté* pour l'exécuter. Si donc la fibre s'incurve spontanément, cela prouve qu'il existe dans le tissu qui la constitue une disposition qui fait, ou que ce tissu se *contracte* du côté qui devient concave, ou que ce même tissu se dilate du côté convexe; peut-être ces deux états opposés du tissu de la fibre existent-ils à la fois; toujours en résulte-t-il qu'il existe dans la fibre une tendance au mouvement d'un seul côté, tendance de laquelle résulte son *incurvation*. Pendant que j'observais des fibres isolées qui venaient de s'incurver, il me vint dans l'idée d'ajouter une goutte de solution aqueuse de potasse caustique à l'eau dans laquelle ces fibres flottaient; à l'instant de cette addition, je vis les fibres qui étaient alors immobiles dans leur état d'incurvation se déployer rapidement et demeurer ensuite immobiles dans cet état de redressement. J'ajoutai alors une goutte d'acide à l'eau ; à l'instant les fibres s'incurvèrent de nouveau. J'ai répété un grand nombre de fois ces expériences, qui m'ont constamment donné les mêmes résultats. Ainsi, les acides déterminent l'incurvation des fibres musculaires, et les alkalis déterminent leur redressement ou la cessation de l'incurvation. Quelquefois les fibres exécutent spontanément, et sous la seule influence de la vie qui les anime, ces mouvements alternatifs d'incurvation et de redressement. J'ai observé ces phénomènes, non seulement dans les fibres musculaires de la grenouille, mais aussi dans celles de plusieurs insectes. Ainsi je ne doute point que l'incurvation de la fibre musculaire ne coopère pendant la vie au raccourcissement des muscles, et qu'elle ne soit ainsi l'auxiliaire de la contraction de cette même fibre.

Nous allons actuellement nous livrer à l'étude de ce dernier mouvement que nous allons observer d'abord dans le tissu du cœur de la grenouille. Cet organe, comme nous venons de le voir, est composé de fibrilles et de corpuscules musculaires. Quel est le rôle que jouent ces deux sortes d'organes dans le phénomène de la contraction On regardera sans doute comme fort probable que les fibrilles se contractent comme les fibres, c'est-à-dire qu'elles rentrent en elles-mêmes en acquérant de la grosseur aux dépens de leur longueur. Mais cette contraction des fibrilles, quoique probable, n'est point prouvée; elles sont si petites qu'on ne peut point apercevoir leurs plis transversaux, si elles en possèdent, comme on aperçoit ceux de la fibre musculaire. Ce qu'il y a de certain, c'est qu'on ne les voit point se raccourcir dans le sens de leur longueur sous l'influence des acides; on les voit seulement *s'incurver;* je m'en suis assuré par l'expérience suivante : ayant mis des fragments laciniés du cœur de grenouille dans un petit cristal de montre rempli d'eau, je les ai soumis au microscope : quelques fibrilles flottantes dans l'eau débordaient le pourtour de ces fragments laciniés, comme on le voit en *u* (figure 27). Je pris alors une petite goutte d'acide avec la pointe d'un cure-dent, et je la mis légèrement dans l'eau du cristal de montre; je mis à l'instant l'œil au microscope, et bientôt après je vis très distinctement les fibrilles flottantes se courber rapidement en demi-cercle; les fibrilles de l'intérieur du fragment musculaire s'incurvèrent de la même manière, et il en résulta un racourcissement accompagné de gonflement dans la petite portion de tissu musculaire que j'observais. Je ne pus voir quel était, dans cette circonstance, le jeu des corpuscules musculaires intercalés en grand nombre aux fibrilles : toujours résulte-t-il de cette observation que c'est en s'incurvant que les fibrilles opèrent la contraction du tissu musculaire fibrillo-corpusculaire, c'est-à-dire le racourcissement accompagné de gonflement qui constitue cette contraction. Le cœur des mollusques gastéropodes étant entièrement composé de corpuscules musculaires, cet organe pouvait seul me dévoiler le mécanisme de la contraction dans le tissu musculaire corpusculaire; je m'empressai donc de le soumettre à l'expérience. Je pris le cœur d'une limace (*limax rufus*), et l'ayant lacinié dans l'eau en parcelles fort petites avec la pointe d'une aiguille, je plaçai quelques unes de ces parcelles dans un petit cristal de montre rempli d'eau, et je les soumis au microscope : ayant ajouté une goutte d'acide nitrique à l'eau, je vis bientôt les fragments de cœur que j'observais se contracter; mais il ne me fut point d'abord possible de distinguer le mécanisme de cette contraction; je voyais seulement ce tissu se resserrer sur lui-même, et par là devenir plus épais. Je découvrais dans ce tissu, entièrement composé de corpuscules globuleux d'une extrême petitesse, des lignes parallèles, comme on le voit dans la figure 28. Je jugeai que ces lignes parallèles obscures n'étaient point des fibrilles comme on aurait pu le croire, mais que c'étaient des plis formés par la membrane qui résultait de l'agglomération des corpuscules musculaires; en effet, lors de la contraction, je voyais ces lignes conserver leur longueur première, et le mouvement de contraction resserrer le tissu que j'observais dans le sens *b c*. Ce soupçon fut confirmé par l'expérience suivante : ayant soumis au microscope un autre fragment de cœur de limace qui offrait la même disposition, j'ajoutai une petite goutte de solution aqueuse de potasse caustique à l'eau du cristal de montre dans lequel était ce fragment. Bientôt je vis les lignes parallèles disparaître au voisinage des bords du fragment; il s'opéra un véritable déplissement, au moyen duquel le fragment musculaire membraniforme prit une étendue plus grande que celle qu'il possédait auparavant, et cessa de présenter des lignes parallèles, comme on le voit en *a* (figure 28). Ce fait me confirma ce que j'avais précédemment observé, touchant la propriété qu'ont les alkalis de déployer les organes musculaires incurvés; car le plissement observé dans cette circonstance est une véritable incurvation dont les courbures sont dirigées dans des sens alternativement inverses. Les choses étant dans cet état, j'ajoutai une goutte d'acide nitrique à l'eau du cristal; un instant après, je vis la membrane déplissée *a* se resserrer sur elle-même, et se plisser de nouveau de la même manière qu'elle l'était auparavant, offrant par conséquent des lignes parallèles obscures qui n'étaient autre chose que des plis. Je recommençai cette expérience sur un autre fragment de cœur de limace, en employant pour déplisser son tissu une goutte d'ammoniaque ajoutée à l'eau dans laquelle flottait ce fragment; j'obtins le même effet qu'avec la solution de potasse caustique : l'incurvation sinueuse de ce tissu fut détruite par cet alkali, et je la rétablis ensuite au moyen d'une petite goutte d'acide sulfurique ajoutée de même à l'eau. Il me fut prouvé de cette manière que, dans le tissu musculaire corpusculaire, la contraction consiste dans une *incurvation sinueuse* de ce tissu, lequel forme de cette manière des plis extrêmement fins.

Ces expériences achevèrent en outre de me prouver que les alkalis ont la propriété de faire cesser l'incurvation du tissu musculaire, comme les acides ont la propriété de provoquer cette incurvation.

Pour opérer d'une manière heureuse le déplissement du tissu musculaire du cœur de la limace, il faut que la dose de solution alkaline ne soit point trop forte, car elle opérerait la dissolution complète de ce tissu, qui disparaîtrait tout-à-fait ; mais il est une dose d'alkali qui, trop forte pour opérer le simple déplissement, est trop faible pour opérer la dissolution complète et la disparution des corpuscules musculaires. Alors, selon la dose de l'alkali, il y a, en sus du déplissement, tantôt écartement léger des corpuscules musculaires, tantôt dissociation complète de ces corpuscules ; mais, je le répète, sans dissolution. Cependant cette dernière ne tarderait pas à s'opérer, dans cette circonstance, si l'on tardait un peu à faire l'expérience qui va suivre. Lorsque l'alkali, après avoir opéré le déplissement du tissu musculaire, eut en outre un peu écarté les uns des autres les corpuscules qui constituaient ce tissu, j'ajoutai une goutte d'acide nitrique à l'eau ; un instant après, je vis ce tissu musculaire corpusculaire se resserrer sur lui-même, mais sans offrir aucun plissement ; ce resserrement ou cette contraction consistait ainsi dans un simple rapprochement des corpuscules musculaires, qui auparavant étaient lâchement unis ; mais non dissociés. Dans une autre expérience du même genre, j'augmentai un peu la dose de l'alkali ; alors il y eut dissociation des corpuscules musculaires, lesquels, quittant leur adhésion mutuelle, se répandirent comme un fluide sur le fond du cristal, toutefois en conservant leur forme globuleuse; je me hâtai d'ajouter une goutte d'acide nitrique à l'eau, et dans l'instant je vis cette couche fluide, composée de corpuscules dissociés, se *coaguler;* les corpuscules se précipitèrent les uns sur les autres et s'agglomérèrent de la même manière que cela a lieu dans la coagulation du sang, où l'on voit aussi des corpuscules globuleux dissociés se réunir et s'agglomérer.

Ces observations sont fécondes en résultats : elles prouvent, 1° que le resserrement du tissu musculaire qui constitue la contraction dépend d'une double cause, c'est-à-dire d'un rapprochement corpusculaire et du plissement ou de l'incurvation sinueuse de ce tissu; 2° que la contraction et la coagulation sont des degrés différents d'un seul et même phénomène; 3° que les alkalis ont la propriété de faire cesser la contraction musculaire; on sait depuis long-temps que les acides ont la propriété de provoquer cette même contraction; et il est à remarquer que les acides produisent également la contraction des solides et la coagulation des fluides, et que les alkalis, au contraire, détruisent ce double effet. Nous allons étudier successivement ces résultats généraux, qui vont nous conduire à quelques autres résultats secondaires.

L'observation nous a démontré que la contraction des fibrilles et celle du tissu musculaire corpusculaire consistent dans un plissement ou dans une incurvation sinueuse; or, comme les fibres musculaires proprement dites sont composées de fibrilles et de corpuscules musculaires, il en résulte que leur contraction résulte du plissement extrêmement fin ou de l'incurvation sinueuse du tissu qui les compose intérieurement. Nous avons vu que le cœur des mollusques gastéropodes ne contenait point de fibres, mais qu'il était entièrement composé de corpuscules musculaires agglomérés de manière à former un tissu membraneux; ainsi il demeure prouvé que la contraction ne s'opère pas exclusivement avec des organes linéaires appelés *fibres*, mais qu'elle s'opère aussi avec des organes membraneux formés par la réunion d'une grande quantité de corpuscules musculaires agglomérés. Le gonflement que présente le tissu musculaire contracté provient de son incurvation sinueuse, qui produit le plissement extrêmement fin des parties intimes de ce tissu. On conçoit en effet qu'un fil ou qu'une membrane qui possèdent des plis qui les raccourcissent, doivent, par cela même, offrir, dans leur masse ainsi plissée, une augmentation dans le diamètre transversal de cette masse. Les plis transversaux que l'on observe à la surface des fibres musculaires contractées sont le résultat de l'incurvation sinueuse des fibrilles superficielles de la fibre; les fibrilles intérieures de cette même fibre possèdent indubitablement la même incurvation sinueuse, à plis extrêmement fins, laquelle opère leur raccourcissement, et par conséquent celui de la fibre qu'elles forment par leur assemblage.

Il résulte des observations qui ont été précédemment exposées, qu'il y a deux sortes de contractions; l'une qui résulte du rapprochement des corpuscules musculaires, l'autre qui résulte de l'incurvation du tissu que ces corpuscules forment par leur agglomération. La première de ces deux contractions est, par sa nature même, extrêmement bornée; elle ne pourrait pas produire le raccourcissement considérable que l'on observe dans les organes musculaires, raccourcissement qui réduit quelquefois le muscle au cinquième de la longueur qu'il offre dans son état de relâchement, ainsi que je l'ai vu dans les muscles qui servent à opérer la rentrée de l'œil pédonculé des escargots. Il fallait, pour opérer un raccourcissement aussi considérable, un autre mécanisme que celui qui résulte du rapprochement simple et uniforme des corpuscules musculaires; c'est ce que la nature a fait en employant l'incurvation sinueuse, incurvation qui est produite par un rapprochement inégal des corpuscules dans les différentes parties du tissu. Ce rapprochement existe spécialement et peut-être exclusivement au côté concave; en effet, le seul fait de la courbure prouve qu'il y a rapprochement des parties constituantes du tissu, spécialement dans l'endroit où existe la concavité de cette courbure. Ainsi, l'incurvation dépend de ce que la cause qui produit l'attraction corpusculaire, ou le resserrement, n'agit que sur un seul côté du tissu organique; n'y aurait-il point là une sorte de polarisation transversale, en vertu de laquelle les deux côtés opposés de la partie incurvée seraient modifiés en sens inverse l'un de l'autre? Mais ceci est une pure hypothèse, et je ne m'y arrête pas. Quoi qu'il en soit, le résultat positif que l'on peut tirer des observations qui viennent d'être exposées, est qu'il existe dans le tissu organique une force de resserrement ou de rapprochement corpusculaire, force qui peut être mise en jeu par divers agents. C'est l'emploi de cette force suivant un mécanisme particulier qui produit l'incurvation du tissu organique, incurvation qui produit à son tour des mouvements d'une étendue à laquelle ne pourrait point arriver le rapprochement corpusculaire tout seul. Ainsi ce que l'on appelle la contraction n'est point un phénomène simple; c'est un phénomène complexe, composé du rapprochement corpusculaire et de *l'incurvation*, qui résulte elle-même de l'emploi de ce rapprochement corpusculaire, suivant un mécanisme particulier. Cette incurvation sinueuse est, chez les animaux proprement dits, un phénomène caché dans l'intérieur des organes et soustrait la plupart du temps à nos yeux armés des meilleurs microscopes; mais, chez quelques zoophytes, ce phénomène devient tout-à-fait extérieur, et peut être aperçu presque sans aucune difficulté. Ainsi, chez les vorticelles ou polypes à bouquets (*vorticella convallaria*), on observe des contractions extrêmement rapides qui se répètent à chaque instant; ce sont les rameaux qui portent les polypes qui se contractent ainsi, et qui se relâchent alternativement. On ignore le but de ce mouvement spasmodique continuel; il est fort curieux à observer au microscope: on voit ces rameaux, dont la ténuité est très considérable, prendre avec rapidité une incurvation sinueuse, comme on le voit en *a* (figure 29); cette incurvation cesse un instant après, et le rameau *relâché* reprend sa rectitude, comme on le voit en *b;* puis il recommence à se contracter, et ainsi de suite. Ces polypes nous offrent ainsi à découvert, et en dehors, le mécanisme de la contraction, qu'il faut chercher dans l'intérieur des organes des autres animaux. Les bras des hydres offrent de même une incurvation sinueuse, dont les courbures offrent des directions très variées ; c'est par le moyen de ces courbures multipliées que ces bras, en se pelotonnant, pour ainsi dire, portent vers la bouche de l'animal la proie qu'ils ont saisie. Dans cette incurvation sinueuse, les bras de l'hydre ne deviennent point plus gros qu'ils ne l'étaient auparavant. Cette incurvation, dans laquelle consiste essentiellement le mouvement musculaire, est évidemment un phénomène tout-à-fait semblable à celui de l'incurvation qu'offrent diverses parties des végétaux ; les recherches qui ont été exposées plus haut nous ont appris, en effet, que le mécanisme du mouvement exécuté par les bourrelets de la sensitive consiste dans une incurvation élastique, dont la puissance nerveuse mise en jeu par les agents du dehors est cause occasionelle, et à laquelle succède, après un certain temps, un redressement qui n'est autre chose que la cessation de cette incurvation ; il en est de même de toutes les parties des végétaux qui exécutent des mouvements visibles ; car nous avons vu plus haut que tous ces mouvements, sans exception, c'est-à-dire non seulement ceux des végétaux que l'on appelle *irritables* par excellence, mais aussi les mouvements par lesquels les végétaux prennent des positions de *sommeil* ou de *réveil*, ceux par lesquels les vrilles s'attachent à leurs appuis, etc., sont tous les résultats d'une *incurvation*. Chez les végétaux, ce phénomène se montre au dehors et dans toute sa simplicité; chez eux l'incurvation est le plus souvent *simple*, c'est-à-dire à courbure unique; tandis que généralement, chez les animaux, ce même phénomène est, pour ainsi dire, *masqué*; son mécanisme est caché dans l'intérieur des organes, et de plus, chez eux, l'incurvation est presque toujours sinueuse; car je n'ai observé l'incurvation simple, ou à courbure unique, que dans la fibre musculaire considérée dans son entier. Nous avons vu, en effet, que cette fibre jouit à la fois de la faculté de se contracter et de celle de s'incurver en demi-cercle; il résulte de ce rapprochement de faits que l'*irritabilité animale* et l'*irritabilité végétale* sont deux phénomènes essentiellement identiques; elles dépendent l'une comme l'autre de l'*incurvabilité* du tissu organique, ou de la faculté vitale que possède ce tissu de se courber et de se maintenir dans cet état de courbure d'une manière élastique. Les notions que nous venons d'acquérir sur la cause de cette incurvation chez les animaux nous mettent à même de rechercher la cause de l'incurvation végétale; recherche que nous avons été contraints d'abandonner plus haut, faute de points de comparaison. Nous venons de voir que le tissu musculaire est essentiellement composé de corpuscules vésiculaires agglomérés, tantôt de manière à former des organes linéaires, tantôt d'une manière confuse, et que ces corpuscules ont cela de particulier, qu'ils sont solubles dans les acides; ce qui les distingue essentiellement des corpuscules nerveux, qui sont insolubles dans ces agents chimiques. Or, dans l'examen que nous avons fait plus haut du tissu organique des bourrelets de la sensitive (fig. 16), nous avons vu que ce tissu offre une grande quantité de cellules globuleuses alignées, et remplies d'un fluide concrescible par l'acide nitrique froid, et soluble dans le même acide chaud; ces cellules globuleuses sont donc de véritables *corpuscules musculaires*, plus gros que ceux des muscles des animaux, mais essentiellement semblables à ces derniers par leur alignement, et surtout par leurs propriétés chimiques; en effet, les corpuscules musculaires des animaux sont rendus opaques par les acides avant d'être dissous par eux, comme cela a lieu pour les cellules globuleuses des bourrelets de la sensitive. Or, comme le phénomène de l'incurvation est essentiellement le même chez les végétaux et chez les animaux, il en résulte que cette incurvation dérive également chez les uns et chez les autres d'un rapprochement corpusculaire qui n'a lieu que d'un seul côté. Les corpuscules musculaires, ou les cellules globuleuses des bourrelets de la sensitive, ne sont point en effet en contact immédiat, ainsi que nous l'avons vu; ils peuvent par conséquent éprouver un rapprochement suffisant pour produire l'incurvation que l'on observe dans le tissu de ces bourrelets, et s'éloigner de nouveau lors du redressement de ces organes; il résulte de là que, sans posséder de véritables muscles, la sensitive possède réellement le tissu musculaire élémentaire, c'est-à-dire des corpuscules musculaires organes de l'incurvation; c'est ainsi que, sans posséder de véritables nerfs, cette même plante possède les éléments du système nerveux, c'es-à-dire des corpuscules nerveux, qui du reste se rencontrent également chez tous les autres végétaux.

L'incurvation vitale, celle qui a lieu sous l'influence de la puissance nerveuse, est ordinairement un phénomène de peu de durée; la partie *incurvée* retourne plus ou moins promptement à l'état de redressement, qui, chez les animaux, constitue l'état de *relâchement;* les alternatives d'incurvation et de redressement ont lieu à des intervalles de temps assez considérables chez les végétaux. Une feuille de sensitive, qui s'est ployée subitement par l'effet d'une secousse légère, se redresse lentement au bout de quelques minutes : cette incurvation, toujours suivie du redressement, se renouvelle autant de fois qu'on la sollicite. Ces alternatives d'incurvation et de redressement ont lieu sous l'influence d'une cause déterminante intérieure chez l'*hedysarum girans*, dont les feuilles sont animées d'un mouvement oscillatoire perpétuel. Ces oscillations dépendent également d'une cause déterminante intérieure, et sont bien plus fréquentes chez les *oscillaires*, êtres qui sont situés tout-à-fait sur la limite qui sépare le règne végétal du règne animal, et dont les filaments offrent perpétuellement des phénomènes alternatifs d'incurvation et de redressement. Si des végétaux nous passons aux polypes, nous voyons, chez les vorticelles (fig. 29) des alternatives, très fréquemment répétées, d'*incurvation sinueuse* et de redressement, sous l'influence de la volonté. Les muscles des animaux, proprement dits, nous offrent un phénomène tout-à-fait semblable. Tout le monde sait que la contraction de ces organes, sous l'influence de la puissance nerveuse, est un phénomène de peu de durée, et qu'il est nécessaire qu'ils se relâchent lorsque leur contraction dure depuis un certain temps, après quoi ils sont susceptibles de se contracter de nouveau. D'ailleurs cette contraction, qui nous paraît fixe et permanente pendant certain temps, ne l'est point réellement : on sait que la contraction des muscles, sous l'empire de la volonté, n'est point un état d'immobilité, mais qu'elle est le résultat d'une multitude d'*oscillations* ou de contractions partielles suivies de relâchement qui se succèdent à des intervalles de temps très courts ; aussi, nos membres ne peuvent-ils affecter une position qui exige une action musculaire soutenue, sans offrir un léger tremblement, qui est presque imperceptible chez les individus vigoureux, qui devient très sensible chez les personnes faibles, et notamment chez les vieillards. C'est ce tremblement, c'est ce frémissement oscillatoire des organes musculaires que l'on entend en se bouchant l'oreille avec la main ; cette palpitation des organes musculaires est facile à voir sur des muscles de grenouille mis à nu, et que l'on saupoudre légèrement de sel commun finement pulvérisé ; on voit de cette manière que la contraction des muscles soumis à la volonté n'a que là durée de l'éclair, comme elle en a la rapidité. Si donc nos muscles se contractent d'une manière qui nous paraît fixe, cela provient de la petitesse de leurs oscillations ou de leurs alternatives de contraction et de relâchement. Ces oscillations sont beaucoup plus lentes dans les fibres musculaires des mollusques, des annélides et même des insectes, ainsi que je m'en suis assuré par diverses observations.

Il n'entre point dans le plan que je me suis tracé, d'offrir ici un traité complet sur la contraction considérée chez les animaux. Je me bornerai donc à présenter ici quelques considérations générales sur cet objet. Plusieurs des tissus de l'économie animale ont la propriété de se contracter ; mais ce n'est que dans les organes musculaires que cette propriété existe à un degré éminent ; c'est ce qui fait qu'elle peut être mise en jeu chez eux par des causes tout-à-fait insuffisantes pour en déterminer l'exercice d'une manière sensible dans les autres tissus. Ainsi, la puissance nerveuse et l'électricité galvanique provoquent vivement la contraction des muscles, et n'ont point d'influence apercevable sur la contraction des autres parties; ces phénomènes ont fait penser qu'il existait plusieurs sortes de contractilité. Ainsi Bichat reconnaît, outre une contractilité animale et une contractilité organique sensible, une contractilité organique insensible et une contractilité de tissu qui est indépendante de la vie; il porte enfin ses regards sur le phénomène du *racornissement*, sur ce phénomène de mouvement que présentent plusieurs tissus animaux lorsqu'ils sont soumis à l'action du feu; et, par un rapprochement extrêmement philosophique, il considère tous ces phénomènes de mouvement comme dépendants également de la texture et de l'arrangement des molécules des tissus organiques, qui ont ainsi en eux la faculté de se raccourcir, faculté qui peut être mise en jeu par des causes très diverses, soit pendant la vie, soit après la mort [1]. Ce dernier aperçu d'un observateur profond, dont la plupart des idées sont marquées au coin du génie, est de la plus grande vérité; ainsi, en nous reportant aux causes et au mécanisme de la contraction, nous voyons, 1^D sous l'influence de la puissance nerveuse émanée des centres nerveux ou déterminée par des agents extérieurs, les fibres musculaires éprouver une contraction qui alterne plus ou moins rapidement avec leur relâchement; c'est l'*incurvation* sinueuse *oscillatoire* et à mouvement très étendu; elle est propre aux seuls muscles. Cette incurvation rapide et de peu de durée peut être sollicitée dans les muscles de l'animal fraîchement tué par l'électricité galvanique, laquelle ressuscite la puissance nerveuse, ou peut-être la remplace. $2°$ Sous l'influence de certaines causes intérieures ou extérieures, plusieurs tissus de l'économie

---

[1] *Anatomie générale*, considérations générales, § 5.

animale éprouvent une contraction faible, qui alterne, mais d'une manière lente, avec un état de relâchement : cette contraction est l'effet de ce que Bichat nomme la contractilité organique insensible. Quoiqu'on n'ait point observé directement le mécanisme de cette contraction, on ne peut guère douter qu'elle ne consiste dans une incurvation sinueuse ; cette incurvation, à mouvement peu étendu, est lentement oscillatoire. 3° Lors de la cessation de la vie, les fibres musculaires se contractent avec assez de force ; c'est leur contraction qui produit, dans cette circonstance, la roideur des membres, ainsi que l'a démontré Nysten [1]. Cet auteur, considérant que cette contraction cesse spontanément quelques jours après la mort, lorsque la putréfaction commence à se manifester, a pensé qu'elle était le résultat d'un reste de vie organique qui ne s'éteignait que plusieurs jours après la mort. En cela, je pense qu'il est tombé dans l'erreur : la contraction des muscles après la mort est un phénomène du même genre que la coagulation du sang, qui arrive en même temps ; ces deux phénomènes attestent également l'absence de la vie. Si les muscles cessent d'être contractés lorsque la putréfaction commence, cela provient évidemment du dégagement, dans ces organes, de l'ammoniaque, qui, en sa qualité d'alkali, fait cesser l'incurvation du tissu musculaire ; cette incurvation est sinueuse, *fixe*, c'est-à-dire qu'elle n'alterne point spontanément avec un état de

---

[1] *Recherches de physiologie et de chimie pathologiques.*

redressement ou de relâchement. La contraction des muscles occasionée par l'absence de la cause immédiate de la vie est un fait qui mérite toute l'attention des physiologistes; car il tend à prouver que la contraction de ces organes a lieu dans toutes les circonstances, comme dans celle-ci, par la soustraction d'un principe ou d'un élément inconnu, qui abonde au contraire dans le muscle relâché. 4° Sous l'influence de l'extension mécanique, la fibre animale, complètement morte, reprend, lorsqu'elle est abandonnée à elle-même, son état antécédent de raccourcissement : c'est l'effet de ce que Bichat appelle la *contractilité de tissu*. Cet effet résulte de l'élasticité des fibrilles, qui tendent à persister dans l'état d'incurvation qu'elles ont pris; elles agissent alors comme de véritables ressorts : c'est encore une incurvation sinueuse fixe. 5° Sous l'influence de l'action du feu, le tissu fibreux animal, complètement mort et même desséché, s'agite presque comme le ferait un animal vivant : c'est un résultat des incurvations partielles et multipliées qui sont produites dans ce tissu, soit par le développement de gaz, soit par la dilatation ou par l'évaporation des fluides. Ainsi, partout où nous observons des mouvements dans les tissus organiques, soit pendant la vie, soit après la mort, nous les voyons dépendre également d'incurvations élastiques, dont les causes occasionelles sont différentes, mais qui dépendent toutes de la *texture organique* de ces tissus, tous essentiellement composés de corpuscules ou de cellules vésiculaires agglomérées : telle est, en effet, la composition intime de tous les organes des animaux, sans aucune exception. Leuwenhoek avait déjà annoncé une partie de cette vérité, qui a été confirmée par les recherches récentes de M. Milne Edwards [1], qui a examiné avec beaucoup de soin la structure microscopique des principaux tissus organiques des animaux : il n'a vu partout que des globules agglomérés. J'ai vérifié l'exactitude de ces observations : partout, en effet, on ne trouve, dans les organes des animaux, que des corpuscules globuleux, tantôt réunis en séries longitudinales et linéaires, tantôt agglomérés d'une manière confuse. C'est sous ce dernier aspect que ces corpuscules globuleux se présentent dans tous les organes sécréteurs, tels que le foie, les reins, les glandes salivaires, les testicules, etc.; la rate et les ovaires ne présentent pas une autre structure intime. Cette similitude fondamentale du tissu de tous les organes parenchymateux est telle, chez la grenouille, qu'il est presque impossible de distinguer les uns des autres, au microscope, les tissus du cerveau, du foie, des reins, de la rate, etc. : partout on n'aperçoit que des corpuscules globuleux agglomérés d'une manière confuse, et constituant ainsi le parenchyme de l'organe par leur assemblage. Chez les animaux vertébrés, les corpuscules globuleux sont tellement petits qu'il est impossible de savoir si ce sont des corps solides ou des corps vésiculaires; mais cela s'aperçoit

---

[1] *Mémoire sur la structure élémentaire des principaux tissus organiques.*

avec beaucoup de facilité chez les mollusques. En effet, en examinant au microscope le tissu du foie, des testicules ou des glandes salivaires des hélix et des limaces, on voit que ces organes sécréteurs sont composés, comme ceux des animaux vertébrés, de petits corps globuleux agglomérés d'une manière confuse; mais ici ces petits corps globuleux ne sont point d'une excessive petitesse, ils sont même assez gros, si toutefois on peut se servir de cette expression en parlant d'objets microscopiques, et l'on voit de la manière la plus évidente que ce sont des corps vésiculaires ou de véritables cellules, dans les parois desquelles on aperçoit même d'autres corpuscules excessivement petits. On pourrait peut-être douter que ces cellules globuleuses soient les analogues des corpuscules globuleux que l'on observe dans les organes sécréteurs des animaux vertébrés, mais l'examen le plus superficiel dissipera tous les doutes à cet égard, en faisant voir que les cellules globuleuses des organes sécréteurs des mollusques, et les corpuscules globuleux des organes sécréteurs des animaux vertébrés, composent de même *immédiatement* le parenchyme de ces organes; leurs masses entourent de même les vaisseaux sanguins et les canaux excréteurs. Cette observation prouve que les corpuscules globuleux dont l'assemblage compose les organes parenchymateux des animaux vertébrés sont des cellules d'une excessive petitesse, et dans les parois desquelles on distinguerait des corpuscules plus petits, si le microscope pouvait faire pénétrer notre vue dans ces profondeurs de l'infiniment petit. Nous avons déjà vu plus haut que, chez les mollusques gastéropodes, la masse du cerveau est composée de vésicules globuleuses, contenant la substance nerveuse; nous avons également fait remarquer que cette observation confirmait l'opinion de MM. Wenzel, qui considèrent sous le même point de vue les corpuscules globuleux du cerveau des animaux vertébrés. On peut tirer de là cette conclusion générale, que les corpuscules globuleux qui composent par leur assemblage tous les tissus organiques des animaux sont véritablement des cellules globuleuses d'une excessive petitesse, lesquelles paraissent n'être réunies que par une simple force d'adhésion; ainsi, tous les tissus, tous les organes des animaux, ne sont véritablement qu'un tissu cellulaire diversement modifié. Cette uniformité de structure intime prouve que les organes ne diffèrent véritablement entre eux que par la nature des substances que contiennent les cellules vésiculaires dont ils sont entièrement composés : c'est dans ces cellules que s'opère la sécrétion du fluide propre à chaque organe, fluide qui est probablement transmis par transsudation dans les canaux sécréteurs. Dans le cerveau, ces cellules agglomérées opèrent la sécrétion de la substance nerveuse proprement dite, substance qui reste stationnaire dans le tissu cellulaire qui l'a sécrétée. Ainsi la cellule est l'organe sécréteur par excellence : elle sécrète, dans son intérieur, une substance qui tantôt est destinée à être portée au dehors par le moyen des canaux excréteurs, et qui tantôt est destinée à rester dans l'intérieur de la cellule qui l'a sécrétée, et à faire aussi partie de l'économie vivante, où elle joue un rôle qui lui est propre : telle est spécialement la substance nerveuse proprement dite qui remplit les cellules microscopiques du cerveau et des nerfs; substance qui, dans le corps vivant, jouit de propriétés si étonnantes et si inconnues dans leur nature. On ne peut guère douter que les organes parenchymateux, tels que la rate, qui n'ont point de canal excréteur, n'opèrent également dans leurs cellules la sécrétion d'une substance qui est destinée, soit à y demeurer stationnaire, soit à passer par transsudation dans les vaisseaux sanguins. Il faut bien que la cellule ait des qualités particulières dans chaque organe, puisqu'elle y sécrète des substances aussi différentes; et, à cet égard, on ne peut s'empêcher d'admirer la prodigieuse diversité des produits de l'organisation, diversité qui est bien plus grande encore dans le règne végétal qu'elle ne l'est dans le règne animal. Quelle variété dans les qualités physiques et chimiques des substances sécrétées par les cellules qui composent le parenchyme des fruits ou celui des tiges, des racines, des feuilles et des fleurs, dans tous les végétaux répandus sur la surface du globe! On ne peut concevoir qu'une si étonnante diversité de produits soit l'ouvrage d'un seul organe, de la cellule. Cet organe étonnant, par la comparaison que l'on peut faire de son extrême simplicité avec l'extrême diversité de sa nature intime, est véritablement la pièce fondamentale de l'organisation; tout, en effet, dérive évidemment de la cellule dans le tissu organique des végétaux, et l'observation vient de nous prouver qu'il en est de même chez les animaux.

Nous sommes arrivés plus haut, par le moyen de l'observation, à ce résultat, que la coagulation des liquides est un phénomène analogue à celui de la contraction des solides : ce fait est d'une grande importance en physiologie, car il prouve que certaines propriétés organiques appartiennent également aux solides et aux fluides; ces derniers, en effet, ne sont point semblables aux liquides inorganiques. Les fluides du corps vivant sont *organisés*, c'est-à-dire que leur composition intime est tout-à-fait semblable à celle des solides; ils sont, comme eux, entièrement composés de corpuscules globuleux; mais, dans les solides, ces corpuscules sont adhérents les uns aux autres, tandis que, dans les fluides, ils sont libres et dissociés. Tout le monde connaît les globules dont le sang est composé; ces globules ont été observés avec soin par plusieurs naturalistes célèbres dont je vais exposer ici très succinctement les découvertes, en y ajoutant les résultats de mes propres recherches. Les globules sanguins ont été découverts, comme on le sait, par Leuwenhoek, et depuis ils ont été étudiés par un grand nombre d'observateurs, à la tête desquels on trouve Haller, Spallanzani et Hewson. Dans ces derniers temps, ils ont été de nouveau étudiés par sir Éverard Home, par M. Bauer, et tout récemment par MM. Prévost et Dumas. Le nom de *globules*, par lequel les premiers observateurs ont désigné ces corpuscules flottants dans le sang, prouve qu'ils les considéraient comme de petites sphères ; certains observateurs, voyant que leur milieu était transparent, tandis que leurs bords étaient opaques, crurent pouvoir en conclure que ces petits sphéroïdes étaient percés d'un trou dans leur milieu ; mais cette assertion mérite peu d'attention, car il est de la plus grande évidence que cette apparence ne provient que de ce que ces globules transparents réfractent la lumière de manière à la rassembler dans un foyer central, en sorte que leurs bords paraissent opaques et leur milieu diaphane. Nous avons déjà fait cette observation plus haut, relativement aux corpuscules globuleux et transparents que M. Mirbel a pris pour des *pores* dans le tissu des végétaux. Jusqu'à Hewson, on s'accordait généralement à considérer les globules sanguins comme des sphéroïdes ou des ellipsoïdes ; cet observateur prétendit que telle n'était point leur forme, mais qu'ils avaient celle d'un disque renflé dans son milieu [1]. M. Bauer, reprenant ces observations, crut devoir leur restituer la forme sphéroïde qui leur avait été attribuée par la plupart des observateurs [2]. En dernier lieu, MM. Prévost et Dumas, revenant à l'opinion de Hewson, ont considéré ces corpuscules comme ayant la forme discoïde [3]. Ce que l'on peut soupçonner, au milieu de cette divergence d'opinions, c'est que les observateurs

---

[1] *Transactions philosophiques*, tome 63.
[2] *Idem*, 1818.
[3] *Examen du sang*, etc.

qui les ont émises ont eu tous également raison. Si, en effet, tous les corpuscules sanguins étaient discoïdes, comment cette forme aurait-elle échappé à tant d'excellents observateurs? D'un autre côté, il est incontestable que telle est quelquefois leur forme, ainsi que je l'ai observé moi-même ; mais, il faut en convenir, cette forme se présente assez rarement, et, dans le plus grand nombre des cas, on peut même dire presque toujours, les corpuscules sanguins se présentent sous la forme sphérique ou elliptique. Peut-être dira-t-on qu'ils ne se présentent sous cette forme que parceque leur disque offre alors l'une de ses faces à l'œil de l'observateur ; mais alors il faudrait admettre qu'il y aurait un nombre immense de chances pour qu'ils affectassent cette position, tandis que le nombre des chances pour qu'ils se présentassent de champ seraient assez rares. On pourrait penser que la direction de la pesanteur influerait sur la position à *plat* de ces corpuscules prétendus discoïdes, et comme on observe ordinairement au microscope avec un rayon visuel vertical, il en résulterait, en effet, que ces corpuscules présenteraient le plus souvent une de leurs faces à l'œil de l'observateur. Quoique cette position à *plat* soit peu probable pendant la circulation, cependant j'ai voulu m'assurer si une position différente de l'animal changerait l'aspect sous lequel se présentent ces corpuscules. J'ai donc dirigé le rayon visuel de mon microscope dans le sens horizontal, et dans cette position, j'ai observé la circulation dans la queue d'un têtard : le vaisseau que j'observais était dirigé dans le sens vertical. Si la pesanteur eût influé sur la position horizontale des corpuscules discoïdes, il en fût résulté, dans mon observation, que ces disques se seraient tous présentés de champ. Or, j'ai continué à voir ces corpuscules ovoïdes; je n'ai même pu, dans cette observation, en apercevoir un seul qui fût discoïde. Tout concourt donc à prouver que cette dernière forme est rare, qu'elle est purement accidentelle, et que la forme normale des corpuscules sanguins est celle d'un sphéroïde ou d'un ellipsoïde; d'ailleurs, ce fait est prouvé par les changements de forme que les corpuscules sanguins sont susceptibles de prendre. Fontana et Spallanzani ont vu, le premier dans la grenouille, et le second dans la salamandre, les globules sanguins se former en un ellipsoïde très alongé quand ils étaient engagés dans un vaisseau d'un diamètre plus petit que le leur, se courber en forme de croissant dans les courbures anguleuses des vaisseaux, et reprendre enfin leur forme ordinaire quand ils étaient parvenus dans un vaisseau suffisamment large. Ces changements de forme ne peuvent dériver que d'un sphéroïde : on sent qu'un disque ne pourrait pas les présenter.

Une membrane d'une extrême délicatesse environne les corpuscules sanguins. Cette membrane vésiculaire est seule dépositaire de la matière rouge qui colore ces corpuscules; son extrême délicatesse fait qu'elle s'altère très promptement après la mort et qu'elle se détache du corpuscule, ainsi que l'ont observé MM. Bauer et

Home; après cette séparation de l'enveloppe colorée, le corpuscule sanguin paraît blanc, et conserve sa forme. On pourrait penser qu'il ne consiste plus alors que dans un noyau de matière solide, mais la faculté qu'ont les corpuscules sanguins de changer de forme, ainsi que nous venons de le voir, prouve que ce noyau est composé d'une substance très molle ou même liquide; par conséquent, la conservation de sa forme après la disparition de la membrane colorée qui l'enveloppait extérieurement semble prouver que le corpuscule sanguin possède une seconde membrane plus solide que la membrane colorée à laquelle elle est subjacente, et dans l'intérieur de laquelle est contenue la matière molle ou liquide qui constitue le noyau du corpuscule : toujours résulte-t-il de l'existence de la membrane vésiculaire colorée que les corpuscules sanguins doivent être considérés comme des corps vésiculaires. L'existence de cette membrane, prouvée par les observations de Bauer et de Home, a été pleinement confirmée par celles de MM. Prévost et Dumas.

Un jeûne prolongé diminue considérablement le nombre des corpuscules sanguins : je les ai vus disparaître totalement chez un têtard de crapaud accoucheur que j'avais conservé une année entière sans lui donner de nourriture. Leuwenhoek avait annoncé que les globules sanguins avaient un mouvement de rotation sur eux-mêmes; mais les observations de Haller [1] et de Spallanzani [2] prouvèrent que ce mouve-

---

[1] *Mémoire sur le mouvement du sang.*
[2] *De' fenomeni della circollazione.*

ment n'existait point. Ces deux derniers observateurs ont toujours vu les globules sanguins, plongés dans le fluide diaphane qui les environne, se tenir constamment éloignés les uns des autres : jamais, tant que la vie subsiste, ces globules ne sont en contact immédiat. Spallanzani a vu un grand nombre de fois que lorsque deux de ces globules se présentaient ensemble à l'orifice d'un vaisseau qui ne pouvait admettre que l'un d'eux, l'autre, repoussé à l'instant, rétrogradait sans avoir touché le globule qui le précédait dans le passage ; Haller [1] a vu de même que ces globules se repoussaient réciproquement quand le mouvement progressif du sang tendait à les rapprocher. Ainsi, il a observé que l'un de ces globules étant placé dans une espèce de cul-de-sac, il repoussait, sans les avoir touchés, les globules qui venaient vers lui. Cet isolement constant des globules sanguins au milieu du fluide séreux dans lequel ils nagent, et cette répulsion qu'ils exercent les uns sur les autres, quand une cause extérieure les rapproche, ne cessent d'exister que lorsque la vie commence à s'éteindre : c'est alors que Haller a vu ces globules s'agglomérer en perdant leur forme sphérique; mais ils reprenaient cette forme en se séparant de nouveau, si la circulation languissante venait à se ranimer. J'ai répété toutes ces observations de Haller et de Spallanzani, et je me suis assuré de leur exactitude. J'ai beaucoup observé la circulation du sang dans les parties transparentes des

---

[1] *Deuxième Mémoire sur le mouvement du sang.*

jeunes salamandres et des jeunes têtards, et j'ai toujours vu les corpuscules sanguins être éloignés les uns des autres tant que la vie conserve une certaine énergie; mais aux approches de la mort, lorsque le sang avance dans les vaisseaux pendant la systole du cœur, et rétrograde dans ces mêmes vaisseaux pendant la diastole de cet organe; alors, dis-je, les corpuscules sanguins cessent de se tenir éloignés les uns des autres ; ils s'agglomèrent et forment ainsi de petits *caillots* qui remplissent certaines parties des vaisseaux, tandis que les autres ne contiennent que du sérum. Il n'y a donc point de doute qu'il n'existe pendant la vie une force répulsive qui tient les corpuscules sanguins isolés les uns des autres, et qui disparaît lors de la mort; alors ces corpuscules, abandonnés à une force d'attraction qui les précipite les uns sur les autres, s'agglomèrent, et c'est leur réunion qui forme ce qu'on appelle le *caillot*. On sait, par des expériences positives, que ce n'est point le refroidissement qui est la cause de cette *coagulation*, de laquelle il résulte tantôt des corps membraniformes ou *couenneux*, tantôt des corps filiformes semblables à des fibres, ce qui a fait donner le nom de *fibrine* à la substance composante de ces corps, et cela avec d'autant plus de raison que cette substance est tout-à-fait semblable à la substance musculaire, sous le rapport de ses propriétés chimiques : aussi a-t-on appelé le sang de la *chair coulante*, et cela n'est point une métaphore, c'est une vérité exacte. La substance musculaire, en effet, est essentiellement composée de corpuscules globuleux comme le sang; mais, dans ce liquide, ces corpuscules flottent isolés, tandis que, dans le muscle, ils sont agglomérés, et forment ainsi un solide *organique*. Après la mort, le sang se coagule par le rapprochement de ces corpuscules; dans le même temps, le tissu musculaire se contracte par le rapprochement et le resserrement de ses plis sinueux. Il y a, dans ces deux circonstances, égale absence d'une cause d'écartement corpusculaire ou de répulsion dans les parties intimes. Nous avons vu plus haut, par des expériences positives, la transition tout-à-fait insensible qui existe entre le phénomène de la contraction et celui de la coagulation; nous avons vu, en effet, que le tissu musculaire corpusculaire, simplement déplissé par un faible alkali, était susceptible de se plisser de nouveau ou de s'incurver par l'accession d'un acide, tandis que ce même tissu, dont les corpuscules étaient dissociés par un alkali un peu plus fort, formait alors un liquide organique simplement susceptible de se resserrer sur lui-même par le fait de sa coagulation; il n'est donc point douteux que les deux phénomènes de l'incurvation et de la coagulation ne soient très voisins, et ne tiennent au même principe; il reste à déterminer quel est le lien qui réunit ces deux phénomènes.

Les corpuscules sanguins, pendant la vie, ne sont jamais en contact immédiat; après la mort, ou lorsque le sang est tiré hors des vaisseaux, ces corpuscules s'agglomèrent, et il en résulte une espèce de solide organique : c'est le phénomène de la coagulation; il dépend évidemment de l'attraction que les corpuscules sanguins exercent les uns sur les autres. J'ai voulu voir si cette espèce de solide organique était susceptible de se contracter comme le tissu musculaire. J'ai mis une goutte de sang de grenouille dans l'eau que contenait un cristal de montre; cette goutte de sang s'est coagulée en formant une membrane diaphane qui tapissait le fond du cristal; on pouvait enlever la membrane et l'agiter dans l'eau sans que ces corpuscules quittassent leur adhérence mutuelle. Ayant ajouté à l'eau une goutte d'acide nitrique, je vis, au microscope, la membrane se resserrer sur elle-même par le rapprochement plus considérable des corpuscules dont elle était composée; ainsi le solide formé par la coagulation du sang est susceptible de présenter seulement le mode primordial de la contraction, c'est-à-dire le resserrement par rapprochement général des corpuscules; il ne présente jamais le mode secondaire de la contraction, c'est-à-dire l'incurvation sinueuse qui résulte du rapprochement corpusculaire opéré d'un seul côté; ce mode secondaire de la contraction paraît dépendre essentiellement de la puissance nerveuse, laquelle est étrangère au solide formé par coagulation.

Les propriétés vitales des liquides organiques sont encore peu connues: d'après ce que nous avons vu plus haut, il paraît que la répulsion corpusculaire, ou plutôt que la faculté que possèdent les corpuscules des liquides de se tenir éloignés les uns des autres, est la principale propriété vitale des fluides, puisque l'isolement de ces corpuscules cesse généralement avec la vie. La contractilité est nécessairement étrangère aux fluides : elle ne peut appartenir qu'aux solides. Pour ce qui est de la nervimotilité, nous ignorons si elle appartient exclusivement à ces derniers. Nous avons vu que, chez les végétaux, la puissance nerveuse est transmise par l'intermédiaire d'un liquide organique, il n'est pas bien certain qu'il n'en soit pas de même chez les animaux, et même il paraît fort probable que la production de la puissance nerveuse est la propriété physique que possède pendant la vie le liquide contenu dans les cellules vésiculaires dont le cerveau est entièrement composé ; cellules qui ne diffèrent peut-être pas, sous ce point de vue, des cellules dont se composent les organes électriques de certains poissons.

Ce que nous venons de voir touchant la similitude de la composition organique des solides et des fluides du corps vivant pourrait faire penser que les globules vésiculaires contenus dans le sang s'ajouteraient au tissu des organes et s'y fixeraient pour les accroître et les réparer, en sorte que la nutrition consisterait dans une véritable *intercalation* des cellules toutes faites et d'une extrême petitesse. Cette opinion, tout étrange qu'elle puisse paraître, est cependant très fondée, car l'observation parle en sa faveur. J'ai vu plusieurs fois les globules sanguins, sortis du torrent circulatoire, s'arrêter et se fixer dans le tissu organique : j'ai été témoin de ce phénomène, que j'étais loin de soupçonner, en observant le mouvement du sang au microscope dans la queue fort transparente des jeunes têtards du crapaud accoucheur. Des artères formant des courbures nombreuses se répandent dans la partie transparente de la queue de ces têtards ; ces artères sont immédiatement continues avec les veines, en sorte qu'il n'existe ici aucune distinction, aucune ligne de démarcation entre les deux circulations artérielle et veineuse : le sang, dont on aperçoit parfaitement les globules, qui sont assez gros, offre un torrent dont le mouvement n'éprouve aucune interruption depuis son départ du cœur jusqu'à son retour à cet organe. Entre les courbures que forment les vaisseaux, il existe un tissu fort transparent dans lequel on distingue beaucoup de granulations de la grosseur des globules sanguins ; or, en observant le mouvement du sang, j'ai vu plusieurs fois un globule seul s'échapper latéralement du vaisseau sanguin et se mouvoir dans le tissu transparent dont je viens de parler, avec une lenteur qui contrastait fortement avec la rapidité du torrent circulatoire dont ce globule était échappé ; bientôt après le globule cessait de se mouvoir, et il demeurait fixé dans le tissu transparent ; or, en le comparant aux granulations que contenait ce même tissu, il était facile de voir qu'il n'en différait en rien ; en sorte qu'il n'était pas douteux que ces granulations demi-transparentes ne fussent aussi des globules sanguins précédemment fixés. Par quelle voie ces globules sortent-ils du torrent circulatoire ? C'est ce qu'il n'est pas facile de déterminer. Peut-être les vaisseaux ont-ils des ouvertures latérales par lesquelles le sang peut verser ses éléments dans le tissu des organes; peut-être le mouvement de ces globules n'était-il ralenti d'abord, et ensuite arrêté que parcequ'ils étaient engagés dans des vaisseaux trop petits relativement à leur grosseur. On expliquera cette fixation des globules sanguins comme l'on voudra, mais le fait de cette fixation demeurera toujours démontré; je l'ai observé un trop grand nombre de fois pour croire que ce soit un phénomène accidentel. Cette fixation des globules est indubitablement un phénomène dans l'ordre de la nature vivante : cela explique le rôle que jouent les globules sanguins dans la nutrition ; ce sont des cellules vagabondes qui finissent par se fixer et par se joindre au tissu des organes ; aussi les cellules vésiculaires et microscopiques qui composent essentiellement le tissu de tous les organes, sans aucune exception, ne sont-elles généralement que de la grosseur des globules sanguins chez les animaux vertébrés : Leuwenhoek le dit positivement par rapport au tissu du foie du mouton et de la vache [1]. Mes observations m'ont prouvé la même chose par rapport aux autres organes. Chez les mollusques, ces cellules microscopiques sont incomparablement plus grosses que les globules contenus dans le sang de ces animaux, ce qui peut provenir de ce qu'elles se sont développées après leur fixation. Au reste, le phénomène de cette fixation explique pourquoi les globules ont disparu tout-à-fait dans le sang du têtard que

---

[1] *Transactions philosophiques*, 1674.

j'avais soumis à un jeûne très prolongé : cette disparition prouve en même temps que ces globules tirent leur origine des aliments : aussi Leuwenhoek les a-t-il trouvés en abondance dans le chyle. Cela peut faire penser que ces globules vésiculaires sont introduits tout formés dans l'économie. Les substances alimentaires, qui sont toutes des matières organiques, sont essentiellement composées de ces globules, et la digestion ne consiste probablement que dans leur dissociation, opérée par le menstrue stomacal. Ces observations paraîtront sans doute très favorables au fameux système des molécules organiques de Buffon ; système que je suis fort éloigné d'admettre dans son entier, mais dont la base essentielle me paraît être appuyée sur les faits que je viens d'exposer. Ici je dois rappeler ce que j'ai exposé plus haut touchant la texture organique des végétaux : nous avons vu que ces êtres étaient entièrement composés ou de cellules ou d'organes qui dérivent évidemment de la cellule ; nous avons vu que ces organes creux étaient simplement contigus et adhérents les uns aux autres par une force de cohésion, mais qu'ils ne formaient point, par leur assemblage, un tissu réellement continu ; en sorte que, dès lors, l'être organique nous a paru formé d'un nombre infini de pièces microscopiques qui n'ont entre elles que des rapports de voisinage. Les observations que nous venons de faire sur les animaux tendent évidemment à confirmer ce premier aperçu ; il est encore confirmé par les observations si curieuses de M. Bory de Saint-Vincent sur ces arthrodiées, qui sont composées de pièces de rapport qui se réunissent successivement les unes aux autres, en sorte que ces êtres singuliers nous montrent *en dehors* le phénomène de l'agrégation corpusculaire, que les autres êtres vivants cachent dans l'intérieur de leurs tissus organiques.

APPENDIX.

L'espèce d'avidité avec laquelle la nature est aujourd'hui interrogée de toutes parts met les naturalistes dans la nécessité de publier très promptement leurs découvertes, s'ils ne veulent pas courir le risque de se voir privés, par des observateurs plus diligents, de l'honneur qui y est attaché. Mais cette précipitation expose à publier des travaux incomplets et quelquefois fautifs ; elle ne permet pas de rassembler et de coordonner une masse de faits. C'est cette dernière considération qui m'a engagé à retarder de plusieurs mois la publication des observations qui m'ont dévoilé le mécanisme de la contraction musculaire. Pendant ce temps, deux observateurs très distingués, MM. Prévost et Dumas, se livraient à des recherches sur le même sujet, et arrivaient, par une autre voie, au résultat auquel je suis parvenu. Le travail de ces deux observateurs, communiqué à la Société philomatique et à l'Académie des sciences, en juillet et août 1823, a paru, en extrait, dans le cahier de septembre du *Bulletin des sciences de la Société philomatique*, cahier qui ne m'est parvenu que dans le milieu du mois de novembre. Alors mon travail était complètement rédigé, et j'ai cru devoir le publier sans y rien changer, me réservant seulement d'y ajouter cet Appendix, dans lequel je vais exposer la découverte de MM. Prévost et Dumas, et la théorie qu'ils en déduisent. Le travail de ces deux savants a été imprimé en entier dans le numéro d'octobre du *Journal de physiologie expérimentale* de M. Magendie.

MM. Prévost et Dumas ayant placé sous le microscope un muscle de grenouille suffisamment mince pour conserver sa transparence, et y ayant excité des contractions, au moyen d'un courant galvanique, ont vu les fibres se fléchir en zig-zag d'une manière instantanée, et cette flexion a déterminé le raccourcissement de l'organe; ils ont fait, en même temps, cette importante observation, que les dernières ramifications des nerfs coupent à angle droit la direction des fibres musculaires, et que c'est toujours dans le lieu de leur intersection qu'existent les sommets des courbures qu'affectent les fibres musculaires en se courbant sinueusement. Ainsi, MM. Prévost et Dumas ont vu, comme moi, que la contraction des organes musculaires consiste dans une courbure sinueuse de leurs parties constituantes, et la date de la publication de cette découverte leur en assure incontestablement la propriété, bien que j'eusse fait la même découverte de mon côté, au moyen d'expériences différentes. Toutefois, ceux qui liront mon travail et celui de MM. Prévost et Dumas avec attention verront qu'ils contiennent des faits différents, quoique du même genre. Je vais essayer d'établir ici la distinction de ce qui m'appartient et de ce qui constitue la part de MM. Prévost et Dumas, dans la découverte du mécanisme de la contraction musculaire.

MM. Prévost et Dumas ont observé la flexion sinueuse de la fibre musculaire, flexion tout-à-fait semblable à celle des tiges des vorticelles, et que j'ai représentée dans la figure 29, en *a*. Pour moi, je n'avais observé que l'incurvation semi-circulaire de cette fibre, arrachée à l'animal vivant, et plongée dans l'eau; j'avais cru pouvoir conclure de cette observation que l'incurvation semi-circulaire de la fibre coopérait au raccourcissement du muscle, et qu'elle était l'auxiliaire de la contraction de cette même fibre. Par ce mot de *contraction*, j'ai entendu exprimer l'action par laquelle la fibre musculaire se raccourcit en devenant plus grosse, sans perdre de sa rectitude. Or j'ai prouvé que cette contraction de la fibre trouve sa cause dans le plissement extrêmement fin, ou dans l'incurvation sinueuse des fibrilles et du tissu corpusculaire qui composent intérieurement la fibre musculaire. C'est ici que mes observations ont été plus loin que celles de MM. Prévost et Dumas. Ces observateurs ne regardent comme une *contraction* que la courbure sinueuse de la fibre musculaire considérée dans sa masse; ils ont bien observé que cette fibre se raccourcissait aussi sans aucune flexion, mais ils ont considéré ce raccourcissement comme le résultat de cette propriété que Haller nomme l'*élasticité de la fibre*, et que Bichat désigne sous le nom de *contractilité de tissu*. Du reste, ils ne cherchent point à se rendre raison du mécanisme au moyen duquel cette élasticité est mise en jeu : ils admettent, dans la fibre musculaire, un *état de repos*, qui est celui qu'elle prend quand aucune cause ne tend plus à l'alonger. Ce n'est, selon ces observateurs, que lorsque la fibre a atteint, dans son raccourcissement élastique, cet *état de repos*, qu'elle devient susceptible de se courber sinueusement pour se raccourcir de nouveau, et c'est à ce dernier phénomène seul qu'ils donnent le nom de *contraction*. Ici tout est exactement vrai dans l'exposition des faits : il n'y a d'erreur que dans la théorie. MM. Prévost et Dumas, n'ayant pas poussé assez loin leurs recherches, n'ont point vu que le raccourcissement de la fibre, *sans aucune flexion*, est dû à l'incurvation sinueuse à plis extrêmement fins du tissu intérieur de cette fibre, qui s'alonge par le déplissement de ce tissu, et qui se raccourcit, *en conservant sa rectitude*, par le plissement ou par l'incurvation sinueuse élastique de ce même tissu intime. Lorsque ce plissement intérieur est parvenu au *summum*, la fibre ne peut plus se raccourcir de cette manière, elle se trouve dans l'*état de repos*, suivant l'expression fort inexacte de MM. Prévost et Dumas. C'est alors que commence le développement d'un second phénomène, celui de l'incurvation sinueuse de la fibre elle-même, qui se raccourcit en perdant sa rectitude, et cela par un mécanisme entièrement semblable à celui qui avait opéré son raccourcissement avec conservation de rectitude. Toute la différence qu'il y a, c'est que, dans le premier cas, le phénomène que présente la fibre est extérieur, et que, dans le dernier cas, il est intérieur. Or, l'observation du premier de ces phénomènes appartient à MM. Prévost et Dumas ; l'observation du second m'appartient exclusivement. C'est de l'ensemble de ces observations que résulte l'explication complète du mécanisme de la contraction musculaire. Au reste, c'est faute d'avoir envisagé sous son véritable point de vue le phénomène de la contraction de la fibre qui conserve sa rectitude, que MM. Prévost et Dumas ont été conduits à le considérer comme le résultat d'une simple élasticité étrangère, en quelque sorte, à la vie. Cette incurvation du tissu intime de la fibre est tout aussi vitale que son *incurvation de masse;* elle est fort différente, quant à la cause occasionelle, de la *contractilité de tissu* ou de la propriété que possède la fibre complètement morte de se raccourcir quand on l'abandonne à elle-même après l'avoir distendue. Ce dernier phénomène, comme je l'ai exposé plus haut, dépend de l'élasticité avec laquelle les parties intimes de la fibre tendent à conserver un certain état d'incurvation qu'elles ont pris par le fait même de l'absence de la cause immédiate de la vie, absence qui paraît avoir occasioné celle d'une cause d'écartement corpusculaire. Ainsi, la contractilité de tissu après la mort est le résultat d'un état élastique fixe et permanent, tandis que la contraction vitale de la fibre, sans perte de rectitude de cette même fibre, est le résultat d'un état élastique susceptible d'éprouver des variations dans son intensité, et même de cesser d'exister, jusqu'à un certain point, par le fait du relâchement. MM. Prévost et Dumas ont observé que c'est au moyen de ce raccourcissement sans perte de rectitude de la fibre que s'opère la contraction des organes musculaires membraneux, tels que ceux qui existent dans les parois du canal alimentaire, et ils en ont conclu que la contraction de ces organes *diffère entièrement* de celle des muscles de la locomotion. On a lieu de s'étonner qu'une assertion aussi hasardée ait pu être émise par des observateurs qui, habitués à envisager la nature sous plus d'une face, ont dû voir qu'elle réunit constamment la simplicité et l'uniformité des causes premières, à la variété et à la fécondité des résultats. Ainsi, le seul raisonnement *à priori* devrait faire admettre qu'il n'existe point de différence essentielle entre la contraction des muscles de la locomotion et celle des organes musculaires soustraits à l'empire de la volonté; et effectivement l'observation apprend que, dans ces deux cas, la contraction dépend de même de l'incurvation du tissu musculaire; dans l'un et l'autre cas, il existe un état élastique dont la cause est vitale : telle est l'idée que l'on doit se faire de l'incurvation sinueuse du tissu intime de la fibre musculaire, et de l'incurvation sinueuse de cette fibre elle-même. En effet, l'observation de l'incurvation végétale nous a démontré d'une manière bien évidente que cet état est dû au développement d'une force élastique; nous avons établi l'analogie de cette incurvation végétale avec l'incurvation animale; et en étudiant les phénomènes que présente cette dernière, nous avons vu qu'elle trouve sa cause dans un certain rapprochement corpusculaire. Ainsi, il nous a été démontré que l'incurvation végétale et animale dépend du développement d'une force élastique, qui elle-même trouve sa cause dans certains phénomènes moléculaires ou corpusculaires ; les muscles, par conséquent, agissent comme des ressorts, mais ces *ressorts* ont une nature et un mécanisme tout particulier dont il est facile de se faire une idée. Il y a deux choses à considérer dans un ressort, sa *position*, et la force élastique avec laquelle il tend à conserver cette *position*, ou à y revenir quand il en est éloigné. Un ouvrier qui veut faire un ressort d'acier commence par lui donner la *position*, c'est-à-dire l'état de rectitude ou de courbure particulière qu'il veut que ce ressort possède dans l'*état de repos;* ensuite il lui communique, au moyen de la trempe, la force élastique qui lui donne la tendance à persister dans cette position et à y revenir lorsqu'il en est éloigné. Or les fibres musculaires sont des solides qui, sous l'influence de certaines causes intérieures ou extérieures, prennent, soit dans leur masse, soit dans leurs parties intimes, une *position* de courbure accompagnée d'une force élastique qui tend à faire persister cette *position*. Ainsi la contraction musculaire est un véritable phénomène d'élasticité ; mais c'est une élasticité qui naît et qui disparaît successivement avec la *position* de courbure qui l'accompagnait ; or, comme l'élasticité est, en dernière analyse, un phénomène d'action moléculaire, il en résulte que la contraction se trouve de même, en dernière analyse, dépendre d'un certain mode d'action des molécules ou des corpuscules qui composent les solides organiques. Cette théorie est tout-à-fait en opposition avec celle qui a été émise par MM. Prévost et Dumas: ces deux savants ayant observé que les dernières ramifications des nerfs coupent à angle droit la direction des fibres musculaires, ont pensé que le courant galvanique excité au travers des filets nerveux déterminait le rapprochement de ces filets, qui s'attireraient réciproquement, et qui entraîneraient ainsi avec eux les faisceaux musculaires auxquels ils sont fixés, ce qui déterminerait le plissement des fibres. D'après cette hypothèse, les nerfs seuls seraient les organes du mouvement de contraction, et les fibres musculaires seraient des organes inertes, destinés seulement par la nature à assujettir les filets nerveux les uns aux autres. On sent tout ce qui s'opposerait à l'admission d'une pareille hypothèse, quand bien même il ne serait pas prouvé qu'elle doit être rejetée. Mais si l'hypothèse disparaît, les faits sur lesquels elle paraissait pouvoir être établie subsistent, et cette découverte suffit pour la gloire de ses auteurs, auxquels la science doit déjà beaucoup, et qui l'enrichissent tous les jours par d'importants travaux.

Je profiterai de l'occasion qui m'a été offerte d'ajouter cet appendix à mon ouvrage, pour discuter l'opinion d'un savant fort célèbre sur l'irritabilité végétale. J'avais d'abord résolu de n'en point parler, pensant que les faits que j'avais établis sur l'observation suffisaient pour combattre une théorie purement rationnelle, sans qu'il fût besoin d'entrer dans une discussion à cet égard : cependant j'ai senti qu'il était nécessaire de changer ma première manière de voir sur cet objet; car, bien que les faits soient tout dans la science, cependant l'autorité des noms ne laisse pas d'avoir aussi quelque influence. Je discuterai donc ici brièvement l'opinion de M. de Lamarck sur l'irritabilité. Ce naturaliste célèbre, dans son *Introduction à l'histoire des animaux sans vertèbres*, prétend établir une démarcation tranchée entre les mouvements des animaux et ceux des végétaux. Voici comment il s'exprime (chap. 3) : « Les végétaux sont » des corps vivants *non irritables*, et dont les ca» ractères sont, 1° d'être incapables de contracter » subitement et itérativement, dans tous les temps, » aucune de leurs parties solides, ni d'exécuter, par » ces parties, des mouvements subits ou instantanés, » répétés de suite autant de fois qu'une cause stimu» lante les provoquerait. » Partant de ce principe, il prétend qu'aucun des mouvements des végétaux n'est dû à l'irritabilité ; que ce ne sont que des mouvements *de détente*, ou des affaissements de parties, produits par l'évaporation de certains fluides subtils qui cessent de gonfler les cellules. Il affirme qu'aucune des parties de la sensitive ne se contracte lorsqu'on la touche, mais que les mouvements qu'on lui voit exécuter ne sont que des *mouvements articulaires* opérés par détente, sans qu'aucune des dimensions des parties de cette plante soit altérée, ce qui, selon lui, établit une différence tranchée entre ces mouvements et ceux qui résultent de l'irritabilité animale, dans laquelle il y a bien évidemment changement dans les dimensions de la partie contractée. Poursuivant, d'après les mêmes principes, le contraste qu'il établit entre l'irritabilité animale et les mouvements des végétaux, M. de Lamarck donne comme une différence spécifique entre ces deux ordres de phénomènes, que chez les animaux l'irritabilité reste la même dans les parties qui en sont douées tant que l'animal est vivant, et que leur contraction peut se répéter de suite autant de fois que la cause excitante viendra la provoquer, tandis que chez les végétaux *prétendus irritables* la répétition de l'attouchement ou de la secousse ne peut plus produire aucun mouvement lorsque la *plication articulaire* est complètement effectuée.

D'après cet exposé, les différences tranchées que M. de Lamarck prétend établir entre l'irritabilité animale et l'irritabilité végétale se réduisent aux points suivants : 1° les mouvements des végétaux ne sont que des plications articulaires; il n'y a point chez eux de véritable contraction ou de raccourcissement de parties; 2° ces mouvements ne peuvent être produits *itérativement*, c'est-à-dire déterminés plusieurs fois de suite.

Il ne me faudra que quelques mots pour combattre ces diverses assertions. D'abord, c'est une erreur que de regarder les mouvements de la sensitive comme des plications *articulaires*. On a donné le nom d'*articulation*, dans les feuilles, à l'endroit où elles se séparent naturellement de la tige lorsqu'elles ont atteint le terme de leur vie : or, ce n'est point dans cet endroit que s'opère le mouvement des feuilles de la sensitive, c'est dans une portion renflée du pétiole, portion voisine de l'articulation, et à laquelle j'ai donné le nom de *bourrelet*. C'est par l'incurvation élastique de ce bourrelet que s'opère le mouvement du pétiole de la feuille; ce mouvement n'est donc point *articulaire*, comme le pense M. de Lamarck : on en doit dire autant des mouvements des pinnules et des folioles de la sensitive; ces mouvements ne sont point non plus *articulaires*, ils n'existent que dans les *bourrelets*, parceque ces organes possèdent seuls la structure intime nécessaire pour l'exécution de ce mouvement.

M. de Lamarck prétend qu'il n'y a point de véritable contraction ou de raccourcissement de parties chez les végétaux : l'observation infirme encore cette assertion. Nous avons vu que, chez l'*ypomœa sensitiva*, les nervures de la corolle présentent un raccourcissement de parties ou une contraction qui ne diffère en rien de celle des fibres musculaires, car elle consiste de même dans une *incurvation sinueuse*. Le fait de la contraction de la corolle chez l'*ypomœa sensitiva* n'était point connu du public, il est vrai, puisque je suis le premier qui l'ait publié, avec l'agrément de M. Turpin, qui a observé ce phénomène; mais tout le monde connaissait le phénomène essentiellement semblable que présente la corolle des *convolvulus* et celle de la belle-de-nuit (*mirabilis ja-*

lappa), qui se ploient au moyen d'une incurvation sinueuse pour présenter les alternatives de *sommeil* et de *réveil*. Mais il manquait à M. de Lamarck, pour établir l'analogie de ce mouvement avec l'irritabilité animale, de connaître le mécanisme de cette dernière, qui consiste de même dans une incurvation sinueuse.

Enfin, M. de Lamarck objecte que les mouvements des végétaux ne peuvent être produits *itérativement*. Cette objection tombera d'elle-même, au moyen d'une réflexion bien simple : l'incurvation ne peut être produite une seconde fois que lorsqu'elle a cessé d'exister, c'est-à-dire lorsqu'elle a été remplacée par le redressement ou par le *relâchement*, selon l'expression ordinaire. Or, chez les végétaux, le *redressement* ou le *relâchement* n'arrive que long-temps après l'acte de l'incurvation, en sorte que la partie reste long-temps incurvée, tandis que chez les animaux le redressement ou le relâchement de la fibre arrive immédiatement après l'acte de son incurvation sinueuse ou de sa contraction; en sorte qu'il n'y a presque aucun intervalle entre ces deux phénomènes. De là vient que, chez les animaux, la contraction ou l'incurvation sinueuse peut être produite *itérativement* un grand nombre de fois de suite dans un très court intervalle de temps, tandis que chez les végétaux l'incurvation ne peut être produite itérativement qu'à des intervalles de temps assez longs : il faut attendre que le redressement ait succédé à l'incurvation. N'est-il pas évident que, dans cette circonstance, la longueur du temps qui s'écoule entre les deux actes de l'incurvation et du redressement n'apporte aucune différence essentielle entre les phénomènes de l'*irritabilité animale* et de l'*irritabilité végétale?* Dans l'une et dans l'autre, les mouvements sont produits *itérativement*, mais à des intervalles de temps différents.

Pour ce qui est de l'hypothèse émise par M. de Lamarck, que les mouvements des végétaux sont dus à des affaissements de cellules produits par l'évaporation des fluides, il ne me faudra, pour montrer son peu de fondement, que rappeler l'expérience suivante, que j'ai plusieurs fois répétée. La sensitive, entièrement plongée dans l'eau, meut ses feuilles sous l'influence des secousses, comme elle le fait dans l'air; elle y présente de même les phénomènes du *sommeil* et du *réveil*. Or, il est évident que dans cette circonstance il ne peut y avoir ni évaporation ni affaissement de cellules.

Dans le cours de cet ouvrage j'ai opposé avec franchise mes opinions à celles de plusieurs savants célèbres; et je l'ai fait sans crainte de les blesser, persuadé que tout philosophe observateur de la nature ne doit rechercher que la vérité, et qu'il ne peut manquer de la voir avec plaisir, même lorsqu'elle heurte ses idées les plus favorites.

FIN.

TABLE

DES MATIÈRES.

	Pages.
INTRODUCTION.	1
SECTION Ire. Observations sur l'anatomie des végétaux, et spécialement sur l'anatomie de la sensitive.	8
SECTION II. Observations sur les mouvements de la sensitive.	52
SECTION III. Des directions spéciales qu'affectent les diverses parties des végétaux.	92
SECTION IV. De l'influence du mouvement de rotation sur les directions spéciales qu'affectent les diverses parties des végétaux.	138
SECTION V. Observations sur la structure intime des systèmes nerveux et musculaire, et sur le mécanisme de la contraction chez les animaux.	163
APPENDIX.	219
TABLEAU SYNOPTIQUE des diverses modifications de l'incurvation organique dans les deux règnes animal et végétal.	233

(233)

TABLEAU SYNOPTIQUE
DES DIVERSES MODIFICATIONS DE L'INCURVATION ORGANIQUE.
DANS LES DEUX RÈGNES ANIMAL ET VÉGÉTAL.

Incurvation oscillatoire, c'est-à-dire alternant spontanément avec un état de redressement ou d'incurvation en sens opposé.	Simple ou à courbure unique.	Incurvation et redressement alternatifs des bourrelets de la sensitive, des étamines du *cactus opuntia* et du *berberis vulgaris*, des feuilles du *dionæa muscipula*; oscillation des folioles de l'*hedysarum gyrans*; incurvations en sens inverses, desquelles résultent les positions alternatives de *sommeil* et de *réveil* chez les plantes; mouvement des oscillaires.	Incurvation simple oscillatoire des végétaux.
		Incurvation de la fibre musculaire arrachée à l'animal vivant et plongée dans l'eau.	Incurvation simple oscillatoire des fibres musculaires.
	Sinueuse ou à courbures multipliées.	Plissement et déplissement des nervures de la corolle de l'*ypomœa sensitiva*, des bras des hydres, et des tiges des vorticelles.	Incurvation sinueuse oscillatoire des végétaux et des zoophytes.
		Plissement et déplissement du tissu intime de la fibre musculaire, qui se raccourcit en devenant plus grosse et en conservant sa rectitude. Plissement et déplissement de la fibre musculaire elle-même, qui se raccourcit en perdant sa rectitude.	Incurvation sinueuse oscillatoire des muscles: son caractère est d'être rapide, forte et très étendue : c'est la contractilité animale et la contractilité organique sensible de Bichat; c'est l'irritabilité de Haller.
		Plissement et déplissement des tissus qui ne sont point musculaires.	Incurvation sinueuse oscillatoire des organes non musculaires: son caractère est d'être lente, faible et très peu étendue : c'est la contractilité organique insensible de Bichat.
Incurvation fixe, c'est-à-dire n'alternant point d'une manière spontanée avec un état de redressement.	Simple ou à courbure unique.	Incurvation des valves de l'ovaire de la balsamine; incurvation des diverses parties des végétaux, pour affecter des directions spéciales et fixes.	Incurvation simple fixe des végétaux.
	Sinueuse ou à courbures multipliées.	Incurvation des vrilles des végétaux: elles s'effectuent sous l'influence de la vie, et persistent après la mort et le desséchement de la plante.	Incurvation sinueuse fixe des végétaux.
		Plissement de la fibre musculaire, d'où résulte la contraction des muscles, et par suite la roideur des membres après la mort.	Incurvation sinueuse fixe des muscles, occasionée par l'absence de la cause immédiate de la vie.
		Plissement de la fibre musculaire morte lorsqu'on l'abandonne à elle-même après l'avoir distendue en l'alongeant.	Incurvation sinueuse fixe, suite de la précédente; elle est nommée par Haller *élasticité de la fibre*, et par Bichat *contractilité de tissu*.

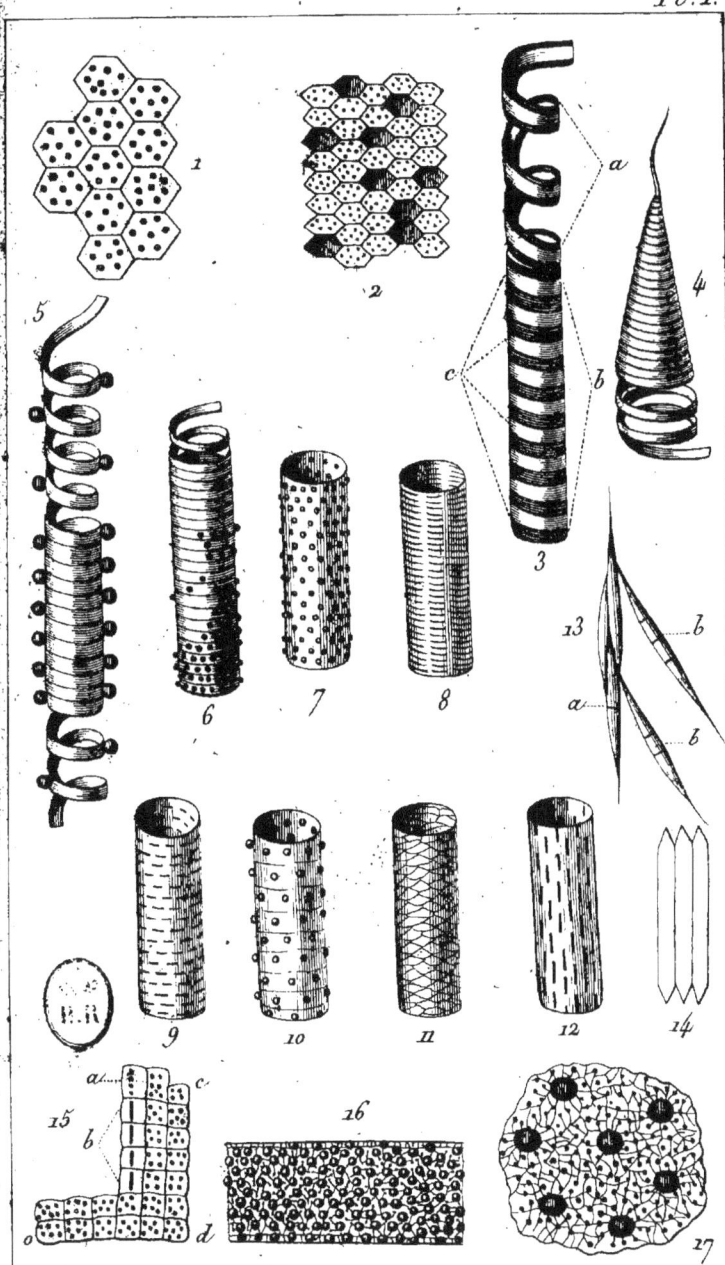

Pl. 1.

Turpin d'après les Esquisses de l'Auteur. V. Plée frères Sc.

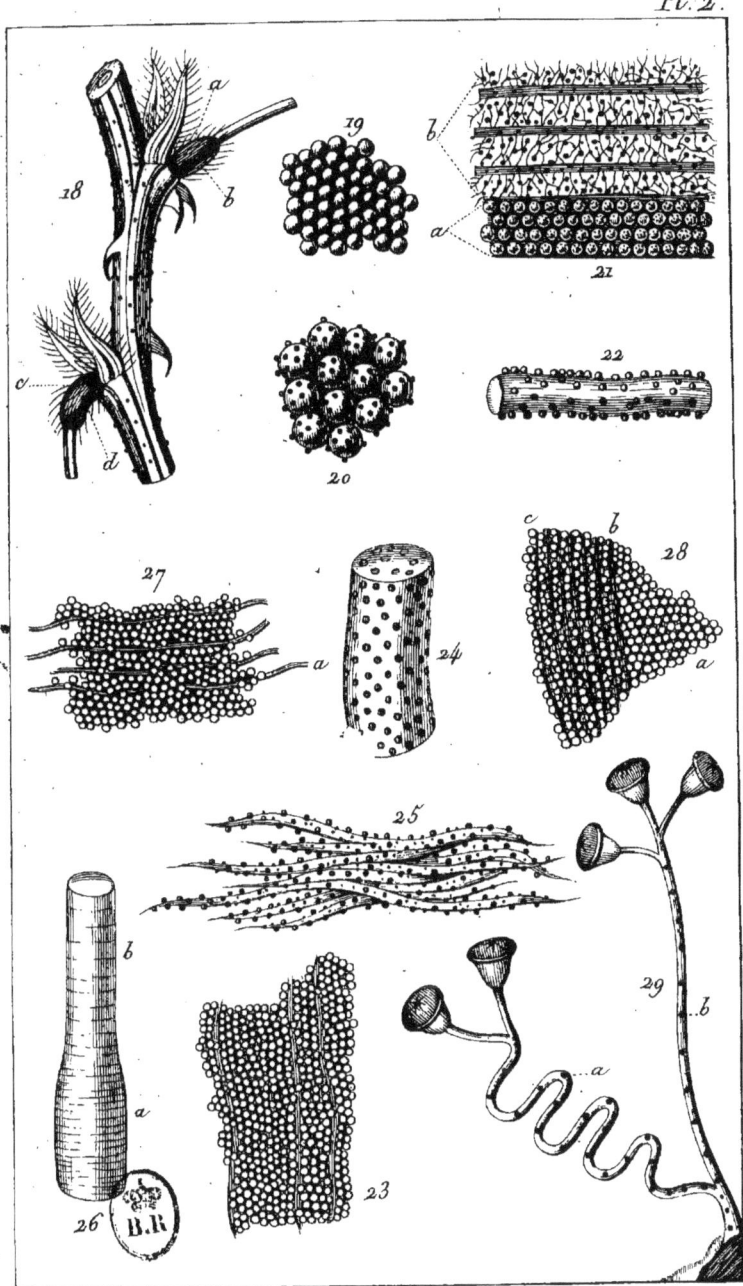

Pl. 2.

Turpin d'après les Esquisses de l'Auteur. V. Plée frères Sc.

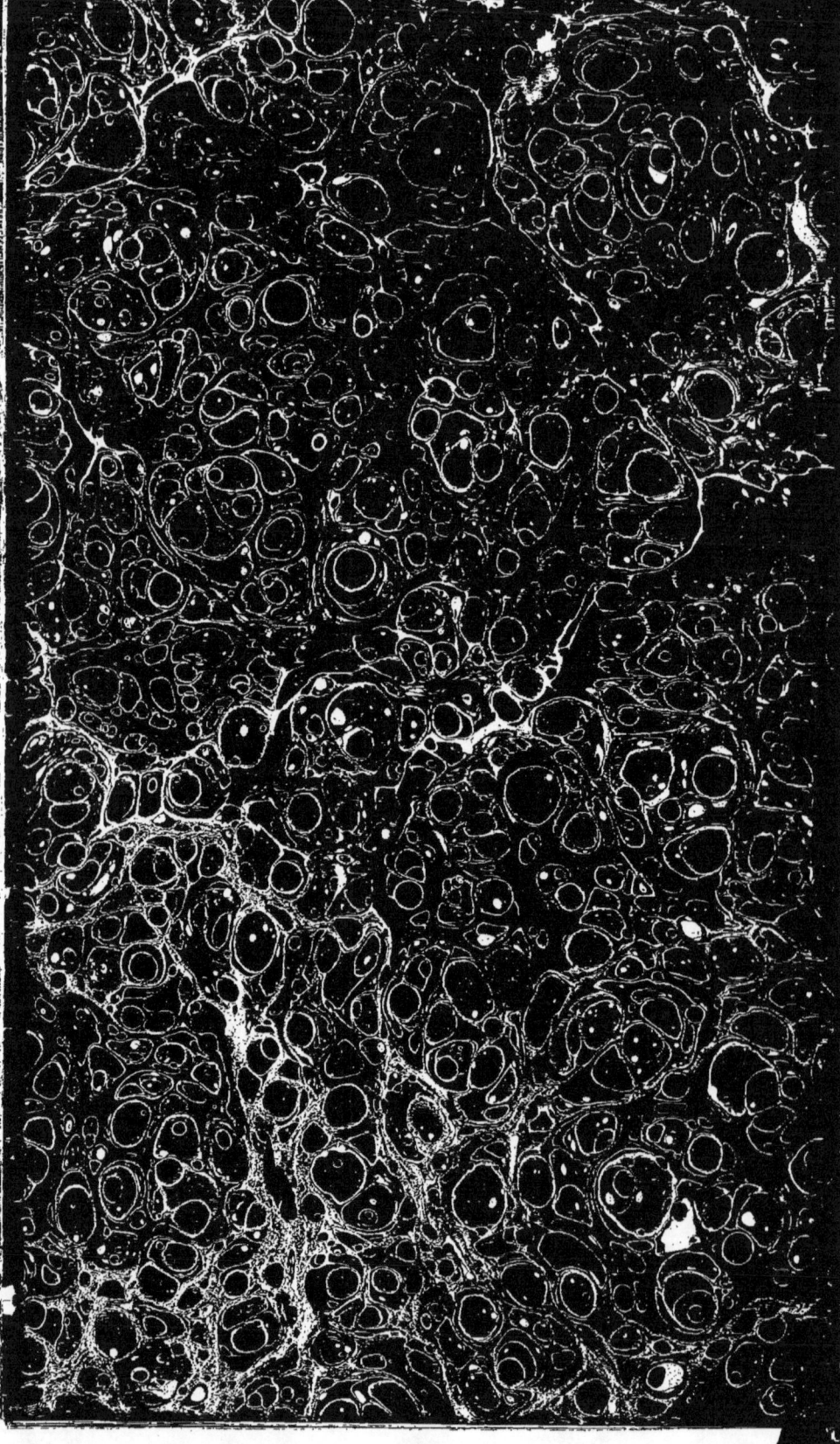

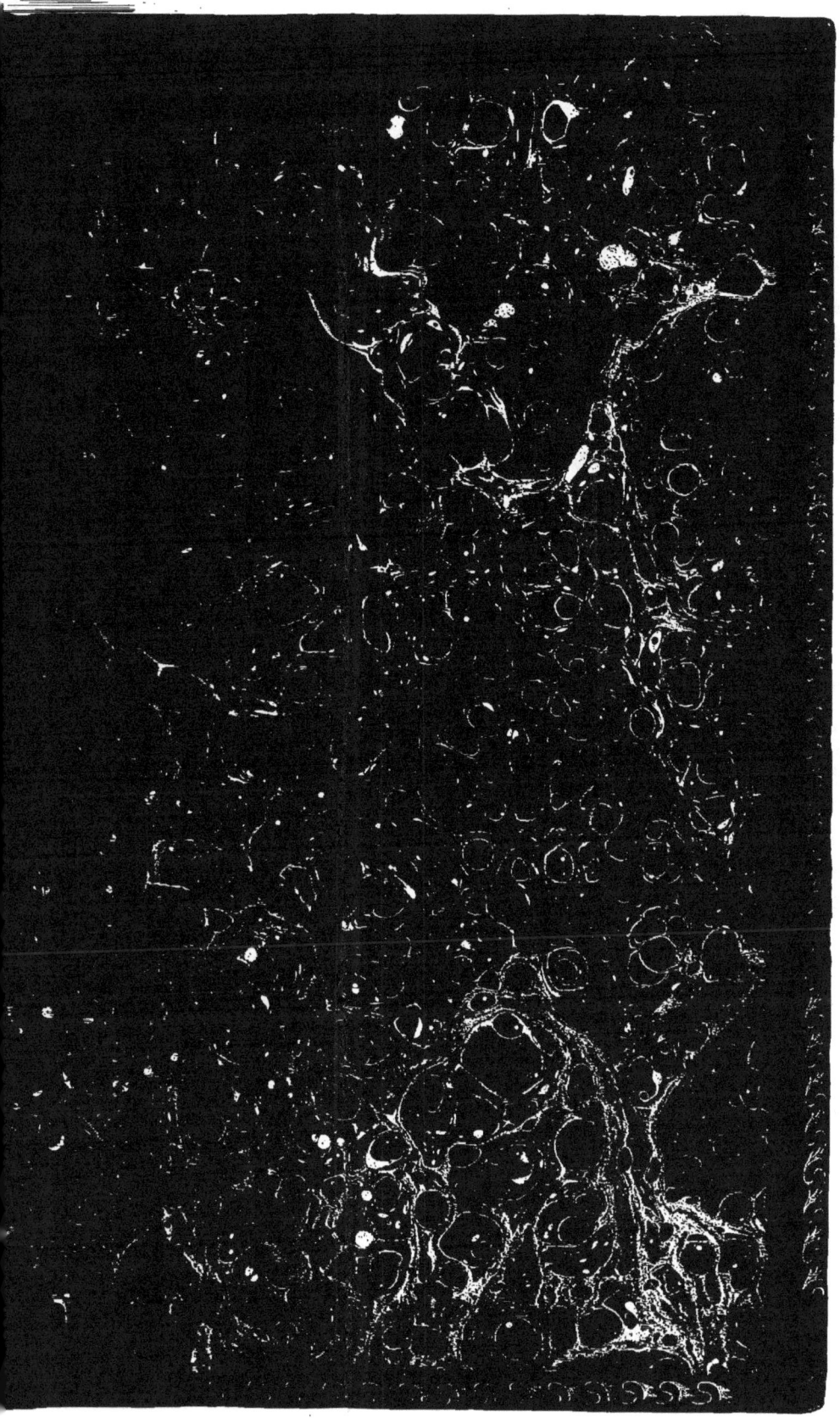

www.ingramcontent.com/pod-product-compliance
Lightning Source LLC
Chambersburg PA
CBHW070653170426
43200CB00010B/2220